JN233549

地球科学入門

内藤玄一・前田直樹 著

米田出版

口絵 iii

口絵 1 気象静止衛星「ひまわり 5 号」から見た地球。「ひまわり 5 号」は気象庁により運用されている。ゴダード宇宙飛行センター (NASA) の Distributed Active Archive Center により配布されているデータを使用。

iv 口 絵

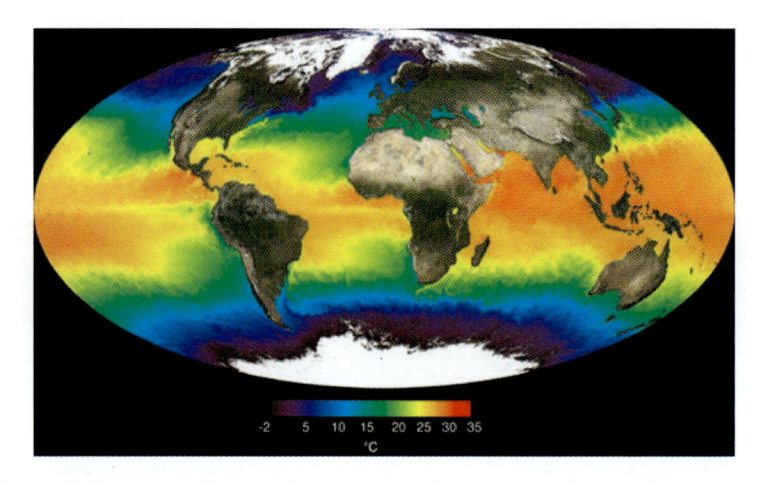

口絵 2 海面の温度と陸地の反射率。陸地の色は目で見た色に近くなるように表現されている。2001 年 5 月の 1ヶ月間のデータから作成されている（NASA: http://visibleearth.nasa.gov/）

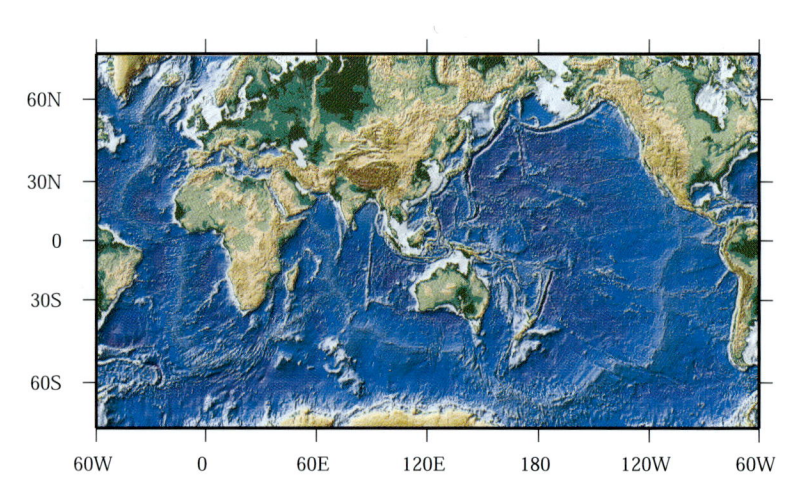

口絵 3 海底地形と標高。NOAA(http://ngdc.noaa.gov/) により提供されている ETOPO5 を使用して作成。

はじめに

　地球環境ということばがマスコミをにぎわすようになって久しいが，日常生活や産業に具体的な形で取り込まれるようになったのはそれほど古くはない。しかし，「地球環境のためになすべき作業」となると，自然科学から社会科学ひいては歴史学にまでおよび，あまりにも広く系統的に記述することが困難である。また政治的な要素も出てくる。
　環境の代名詞として「エコ」ということばが新聞，雑誌などで目につく。エコロジー（生態学）を略したものであろうが，本来このことばは，猿などの動物の自然界における行動・食性・繁殖などを研究する科学をいう。理学・工学を包含する環境科学を表現するのには，Environmental Science が適当である。人間が快適な生活をするための自然をつくることは不可能である。自然とうまく調和した人間生活が望まれる。
　本書は，専門として地球科学や地球環境科学を専攻しないが，自分の専門に関連するために必要である，また将来必要になってくるであろうと考える学生の入門のために書かれたものである。したがって，受講する学生には電気工学，機械工学などの理工系学生のみならず，経済学，社会学，文学などを学ぶ学生も想定している。そのために，数式の展開によって議論を進めることは避けた。しかし，現象の時間的空間的なスケールを理解するために必要となる数式や身近で典型的な事例に関する数値については触れている。さらに，気象変化や地殻活動（地震，火山など）に対応することが必要な職種，沿岸域，海洋上での現象に関連をもつ職種に就く人のために，専門用語につ

いてのやさしい解説にも努めた。

　第1章では，太陽系の中に存在する地球を見た．この20年ほどの間，太陽系や宇宙の知見は驚くほど多くなった．とくに水の惑星・地球と教えられた世代には，思考の基礎が揺らぐ．ぜひ，専門書を読んでいただきたい．第2章では，大気のいろいろな現象を身近なものとして記述した．大気中の数％の水が環境を支配する様は不思議な感もする．第3章では，海水のはたらき・海洋現象を，気候変動も視野に入れまとめた．大気と海洋は密接な相関をもつ．大気の流れ（上空風）の運動量が海面へ伝わり，海流（吹送流）を生じさせるまでを，一つの糸として数値を与えた．第4章では，固体地球の形と重力について，測定の歴史をたどりながら，現在の精度の高い測定の結果を示した．第5章では，グローバルスケールの固体地球の活動を，古地磁気学の発展を踏まえ，大陸移動説から現在提唱されているプルームテクトニクスに至る道筋を示した．第6章では，我々が最も恐れる身近な現象である地震のメカニズムについて，基本的な考え方を示した．第7章では，火山の性質と活動を，その成因をもとに示した．

　人間が物質文明を発展させたために自然に与えた影響を定量的に評価するのはなかなか難しい．理解するためには，まず，あるがままの自然を理解しなければならない．現在の地球は，誕生以来45億5000万年の歴史を担って存在し，多様な現象は解明されていないものも多く，これからの研究を待って鮮明な像が得られる．本書が今日までに明らかになっている地球を理解する入り口となれば幸である．

　2002年2月

内藤玄一・前田直樹

目　　次

はじめに

第 1 章　太陽系の中の地球　　1
1.1　地球の誕生 ....　2
1.2　地球の形状と構造 ....　2
1.3　大気放射と地球の熱平衡 ....　5
1.3.1　太陽からの熱エネルギー ....　5
1.3.2　地球の熱収支 ....　6
1.3.3　太陽放射のスペクトルと地表面の反射 ....　7
1.4　宇宙から見る地球 ....　10
1.4.1　人工衛星と搭載センサー ....　11
1.4.2　大気と地表面の映像 ....　13
参考文献 ....　14

第 2 章　大気の現象　　15
2.1　大気の組成と分布 ....　16
2.1.1　高層大気 ....　16
2.1.2　地上の大気 ....　20
2.2　下層大気のふるまい ....　20
2.2.1　気温と湿度 ....　21

　　　　2.2.2 風 23
　　　　2.2.3 気流の上昇と下降 25
　　　　2.2.4 雲と降水 28
　　2.3 グローバルスケールの大気のふるまい 30
　　　　2.3.1 四季 32
　　　　2.3.2 水循環 33
　　2.4 気団と天気図 34
　　　　2.4.1 季節変化を支配する気団 35
　　　　2.4.2 天気図に見る高気圧と低気圧 38
　　　　2.4.3 急激な気象変化と前線 39
　　　　2.4.4 低気圧の発生と発達 41
　　　　2.4.5 上空の風 42
　　2.5 メソスケールの気象擾乱 44
　　　　2.5.1 強い気象擾乱とシビアストーム 45
　　　　2.5.2 竜巻とダウンバースト 45
　　2.6 台風 48
　　　　2.6.1 台風のメカニズム 49
　　　　2.6.2 台風災害 50
　　2.7 地球環境の変化 51
　　　　2.7.1 大気汚染 52
　　　　2.7.2 酸性雨による森林の枯死 52
　　　　2.7.3 オゾンホール 53
　　　　2.7.4 都市気候 55
　　　　2.7.5 地球温暖化 56
　　2.8 地球大気の変遷 57
　　　　2.8.1 二酸化炭素と地球の気候変動 58
　　　　2.8.2 酸素と生物 59
　参考文献 60

第3章 海洋のはたらき　　　　　　　　　　　　　　　　　　　　61
　　3.1 海洋と海底地形 62
　　3.2 塩分・水温と海水の性質 64

	3.2.1	塩分の分布	65
	3.2.2	水温の分布	67
	3.2.3	密度分布と水圧	68
3.3	グローバルスケールの海洋循環と海流	70
	3.3.1	海洋表層の流れ	70
	3.3.2	海洋大循環と世界の主な海流	72
	3.3.3	太平洋の水平循環と黒潮	75
3.4	鉛直循環と深層水の源	77
	3.4.1	鉛直循環を生む海氷域	77
	3.4.2	グローバルスケールの鉛直循環	78
3.5	海洋中の渦	79
3.6	大気と海洋の相互作用	81
	3.6.1	海面での熱収支	81
	3.6.2	海洋全体の熱の流れ	83
3.7	波浪	85
	3.7.1	風浪	86
	3.7.2	深水波と浅水波	87
3.8	潮汐	89
3.9	気候変動をもたらす海	91
	3.9.1	エルニーニョ	91
	3.9.2	極域の海	93
参考文献		96

第4章 地球の形・重力　　97

4.1	地球は球である	97
4.2	地球は回転楕円体である	98
4.3	重力とジオイド	100
	4.3.1 重力	101
	4.3.2 ジオイド	102
4.4	位置を決める	103
	4.4.1 日本の準拠楕円体	103
	4.4.2 三角測量と水準測量	104

x 目　次

　　　4.4.3　電子基準点 106
　　　4.4.4　世界測地系への移行 107
　4.5　宇宙技術を利用した測量 108
　4.6　重力測定と地下構造 109
　　　4.6.1　重力測定 109
　　　4.6.2　重力異常 109
　参考文献 111

第5章　グローバルテクトニクス　　　　　　　　　　　　　　113

　5.1　地磁気 113
　　　5.1.1　偏角 114
　　　5.1.2　伏角 115
　　　5.1.3　全磁力 115
　　　5.1.4　地磁気の永年変化 117
　5.2　古地磁気学 118
　　　5.2.1　岩石磁気 118
　　　5.2.2　地磁気の逆転 118
　5.3　大陸移動説 119
　　　5.3.1　大陸移動説の提唱 119
　　　5.3.2　大陸移動説の復活 121
　5.4　海洋底拡大説 122
　　　5.4.1　マントル対流 122
　　　5.4.2　アイソスタシー 123
　　　5.4.3　海洋底の拡大 123
　　　5.4.4　地磁気異常の縞模様 124
　5.5　プレートテクトニクス 126
　　　5.5.1　プレートテクトニクスとは 126
　　　5.5.2　プレート境界 128
　　　5.5.3　日本付近のプレート 131
　　　5.5.4　ホットスポットとプレートの絶対運動 132
　5.6　プルームテクトニクス 133
　参考文献 136

第 6 章 地　震　139

- 6.1 地震の観測 139
  - 6.1.1 地震計 139
  - 6.1.2 地震波 141
  - 6.1.3 震源の決定 143
  - 6.1.4 地震観測網 144
- 6.2 震度とマグニチュード 144
  - 6.2.1 震度 144
  - 6.2.2 震度に影響を与える要因 145
  - 6.2.3 マグニチュード 150
  - 6.2.4 マグニチュードとエネルギー 151
  - 6.2.5 モーメントマグニチュード 152
  - 6.2.6 規模別頻度分布 152
- 6.3 地震と断層 154
  - 6.3.1 断層の基本的な型 154
  - 6.3.2 地表に現れた震源断層 154
  - 6.3.3 地震による地殻変動 156
  - 6.3.4 余震の分布 157
  - 6.3.5 初動の押し引き分布 161
- 6.4 日本の地震活動 163
  - 6.4.1 日本付近の震源分布 163
  - 6.4.2 日本付近で発生する大きな地震 164
- 6.5 地震の前兆現象 169
  - 6.5.1 地震活動の空白域 169
  - 6.5.2 前兆的な地殻変動 172
- 参考文献 173

第 7 章 火　山　175

- 7.1 火山の分布 175
- 7.2 噴火 178
  - 7.2.1 マグマの性質 178
  - 7.2.2 噴火の様式 179

- 7.3 火山からの噴出物 181
  - 7.3.1 火山ガス 181
  - 7.3.2 溶岩流 181
  - 7.3.3 火砕物 182
- 7.4 火山による災害 182
  - 7.4.1 火砕流 183
  - 7.4.2 岩屑なだれ 184
  - 7.4.3 火山泥流 184
  - 7.4.4 津波 185
  - 7.4.5 飢餓・疫病 185
  - 7.4.6 火山ガス 186
- 7.5 噴火予知 186
- 参考文献 187

索　引　189

第1章

太陽系の中の地球

　ビッグバンによって生まれた宇宙には無数の銀河系がある。我々の太陽は，その一つの銀河系の中にあるおよそ1億個の星の一つである。そして，地球は太陽系を構成する8個の惑星の一つである (図 1.1)。宇宙全体を見るスケールからは，途方もなく小さい存在になるが，地球は我々にとっては十分大きな活動の場である。最も大きな特徴は，地球には生命が存在することである。

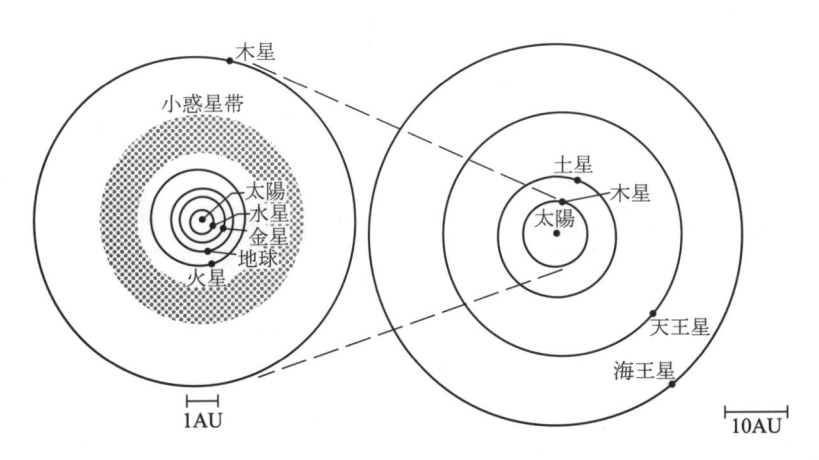

図 1.1　太陽と惑星。太陽系を北から見下ろした図。1AU(天文単位) は，太陽と地球の平均距離で約 1.5 億 km である。

現在のところ，宇宙で唯一生命の存在が知られた星である．

近年太陽系の観測研究が進み新しい発見が続いたが，その中で地球環境に最も衝撃的なのは，太陽系の外側に小惑星帯が存在するらしいことである．これは主に氷から構成され，太陽系を球状におおっていると思われる．また，ほとんどすべての惑星と衛星に水(氷)がある．毎年多くの彗星が太陽に向かって走ってきて，地球の近くを通ってすばらしい天体ショーを見せてくれる．この水の星のふるさとが発見された惑星帯らしい．長い地球の歴史の中で彗星が衝突し，地球環境を激変させたであろうことも推測される．地球は連続的な変化に，カタストロフィックな変化を織り交ぜて今日の環境を形成したと考えられる．

1.1 地球の誕生

宇宙にはたくさんの恒星があるが，空間に占める体積は非常に小さい．空間の星のない部分，いわゆる星間空間は，非常に薄いながらもガス(星間ガス)やダスト(星間塵)で満たされている．星はこのような星間物質が収縮することによって生まれる．太陽もそのようにして生まれた．太陽が成長するにつれて，ガスやダストの円盤ができる．円盤の中では，ダストが引力によりたがいに集まり塊(微惑星)を無数につくる．そして，衝突と合体を繰り返してしだいに大きくなり，原始の惑星へと成長していった．太陽系の誕生は，約45億5000万年前のことである．地球の誕生もほぼこれと同じである．この時期は，隕石の中で始源的隕石とよばれる微惑星や原始惑星に由来すると考えられている隕石の年齢から推定されている．

1.2 地球の形状と構造

地球はその名のとおり，ほぼ球に近い形をしている．もう少し正確に表現すると，扁平な回転楕円体である．その赤道半径は6,378km，極半径は6,357kmであり，赤道半径のほうが約21km長い．しかしながら，半径と比べるとその差は小さいので，正確な形が必要なとき以外は，半径6,371km(あるいは約6,400km)の球として取り扱うのがふつうである(詳しくは第4章参照)．

地球の内部は地震波を用いて調べられている．したがって，地球の内部構

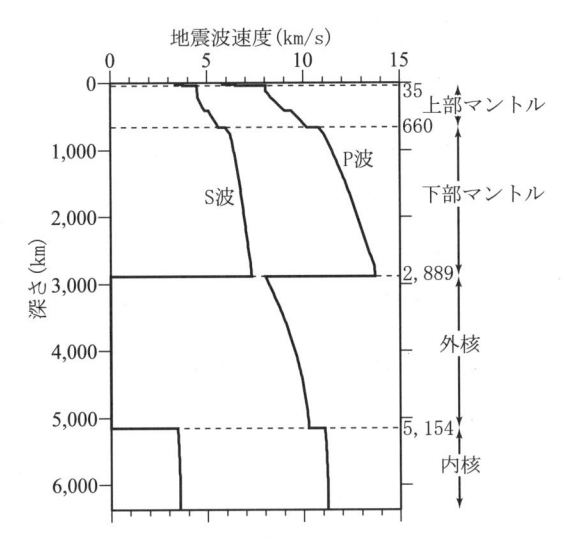

図 1.2 地震波速度の深さによる変化。IASP91 モデルによる。P 波，S 波については 6.1.2 項に説明がある。

造は地震波速度が大きく変化する深さで分けられる。図 1.2 は，地震波速度の深さによる変化を表す。この速度構造をもとに地球の内部構造を分けると，地殻 (深さ 0～35km)，上部マントル (深さ 35～660km)，下部マントル (深さ 660～2,889km)，外核 (深さ 2,889～5,153.9km)，内核 (深さ 5,153.9～6,371km(中心)) に分けられる (図 1.3)。

外核では，地震波の S 波 (6.1.2 項参照) の速度がゼロとなっている。これは，外核が液体になっているためである。その成分は鉄やニッケルの金属である。外核内では，液体金属の複雑な対流が起こっているが，これが原因となって地球は磁石となっている。この磁石がつくる磁気圏が地球を広くおおっている。また磁気圏の内側には，バンアレン帯がある。これは放射線帯ともよばれ，地球の赤道上空をドーナツ状に二重に取り巻いている。これらの磁気圏は地球の外からくる太陽風 (太陽から放射される電気を帯びた粒子の流れ) などの宇宙線を阻止し，地上に生物が存在できるための最初の環境をつくっている (図 1.4)。

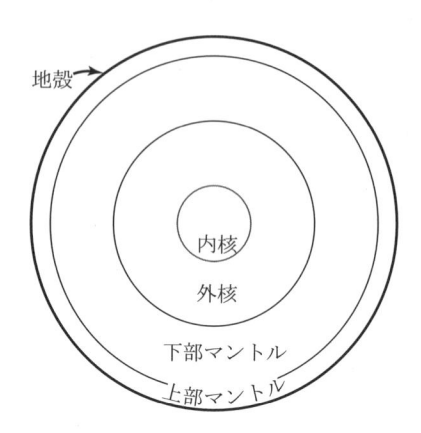

図 1.3 地球の内部構造。図 1.2 の構造を地球の断面に示したもの。地殻の厚さは非常に薄いので，線の幅を太くすることで表現している。

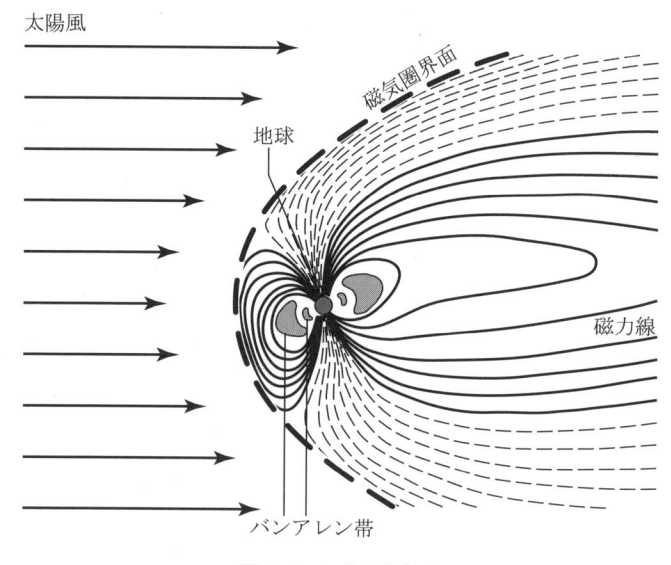

図 1.4 地球の磁気圏

1.3 大気放射と地球の熱平衡

地球は熱的に孤立系である。すなわち，太陽からもらう日射の熱エネルギーが唯一の収入であり，暖まった地球が赤外線を放出して熱平衡を保っている。大気を含めた地球の現象はすべて内部で閉じる現象である。四季の変化，台風の発生，海流などは地球の外と何ら関連をもたない。

1.3.1 太陽からの熱エネルギー

太陽から受け取る熱量は，大気におおわれた地球の外側では一定である。大気圏を離れたところで太陽に向かって垂直に 1m² の面積の板を立てるとき，受け取る熱量を S とすると，

$$S = 1.37 \text{ kW/m}^2$$

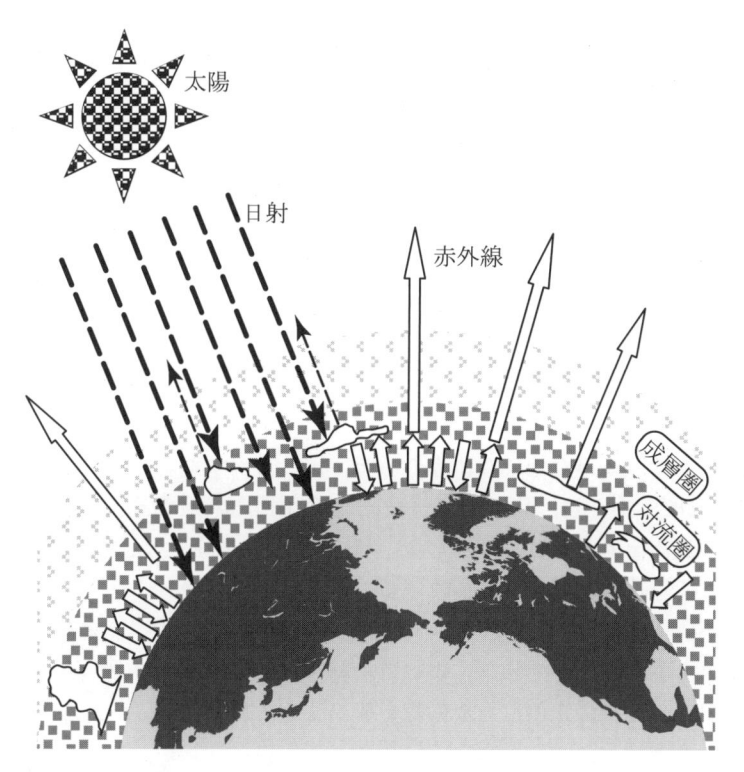

図 1.5 地球の熱収支。太陽が唯一の熱源である。

である。この値は太陽定数とよばれているもので，地球の熱収支を考えるとき最も基本的な量となる。地球の公転軌道は真円ではないので，平均の地球太陽間距離 (1.4958×10^8 km，約 1.5 億 km) の位置での太陽放射のエネルギーの標準値をいう。地上からの観測では太陽定数を決めるのは困難で，歴史的には非常な努力が払われた。人工衛星で地球観測が行われるようになってから，この定数を高精度で測定し，年々の変化もわかるようになった。太陽定数は，太陽自身の活動によって少し変わり，地球の気候変動に影響を与えている可能性も研究されているが，その変化は 0.01%以下であり「定数」として扱ってよい。むしろ問題は，受け取る地球が白い雲におおわれていたりするため，日射を宇宙へ返してしまう，すなわち熱を少なく受け取ることである (図 1.5)。

1.3.2 地球の熱収支

地球が受け取る太陽放射 I は，太陽から見ると地球は円盤に見えるから，

$$I = \pi R^2 (1 - A) S \tag{1.1}$$

と表すことができる。ここで，R は地球半径。A はアルベドとよばれ，反射の程度を表す係数である。すなわち，$(1 - A)$ は地球に入射する割合となる。宇宙から地球を見たときの平均のアルベドは，$A = 0.30$ と与えられるから，太陽から受け取る熱量 I は，

$$I = 1.22 \times 10^{17} \text{W}$$

となる。

太陽放射で暖まった地球は，赤外線を宇宙へ放出する。そして，地球は熱的に平衡状態にある。地球システムとして熱平衡を考えるとき，地球内部からの熱の放出を考えなければならないが，短期的には小さいと考えられるので，ここでは放射のみの熱平衡に限る。

地球が黒体 (すべての放射エネルギーを吸収してしまう物体) とすると，ステファン・ボルツマンの法則によって，絶対温度 T(単位を K で表す。0°C=+273.15K) の 4 乗に比例した赤外線を放出する。したがって，地球表面の温

度を T とすると，黒体でない地球表面から放出される赤外線放射量 E は

$$E = 4\pi R^2 \varepsilon \sigma T^4 \tag{1.2}$$

と表すことができる。ここで，ε は赤外線の射出率で，黒体のとき $\varepsilon = 1.0$ である。σ はステファン・ボルツマンの定数で，

$$\sigma = 5.67 \times 10^{-8} \text{ J/m}^2 \cdot \text{K}^4 \cdot \text{s}$$

で与えられる。平衡状態の地球では，$I = E$ となる。

　地球放射の主要な部分は大気の中層であり，この層では $\varepsilon = 1.0$ と考えてよい。このときの温度 T_1 は，宇宙船で地球から月に到達した人が，地球の温度を測った場合に得られるものである。熱平衡の式 $I = E$ より，

$$T_1 = 255 \text{ K}(= -18°\text{C})$$

となる。しかしながら，我々はこのような極寒の地には住んでいない。

　地球表面の温度 T_2 は，288 K$(= 15°$C$)$ である。この温度は，中緯度地域の平均的な値である。この値を用いて地球が熱平衡に達したとして赤外線射出率を計算すると $\varepsilon = 0.61$ となる。このことは，地表面からの熱放射がすべて宇宙空間へ放出されているわけではなく，大気をすべて通り抜けていないことに対応する。宇宙から見た地球の温度と地表面との温度には，$T_2 - T_1 = 33$ K の差があるが，この差は地表面からの赤外線放射が大気層に吸収されているために生ずる。これを大気による温室効果という。

1.3.3　太陽放射のスペクトルと地表面の反射

　太陽表面の温度は 5,762K であり，黒体に近い放射を行っている。太陽放射のスペクトル，すなわち太陽の放射エネルギーの波長に対する強度分布 (波長別放射エネルギー密度) は，図 1.6 に示すように，ほぼ黒体放射で近似でき，我々の目で見える波長帯 (可視光：$0.38 \sim 0.77 \mu$m) にピークをもっている。可視光より長波長帯に赤外線，短波長帯に紫外線があり，地球環境に直接的に作用する (図 1.7)。地表面に達する太陽放射は，大気層内の物質によって散乱，吸収され，大気圏外で測定されたスペクトルよりかなり異なった分布を示す。大気放射に関与する物質は，水蒸気 (H_2O)，二酸化炭素 (CO_2)，酸素 (O_2)，オゾン (O_3)，雲およびエーロゾル (塵などの微粒子，エアロゾルとも

8　第 1 章　太陽系の中の地球

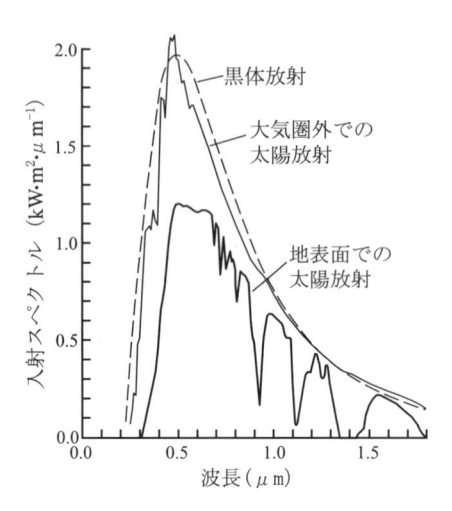

図 1.6　大気圏外と快晴時の地表面における太陽放射のスペクトル。大気圏外のスペクトルは 5,700K の黒体放射でよく近似できる。

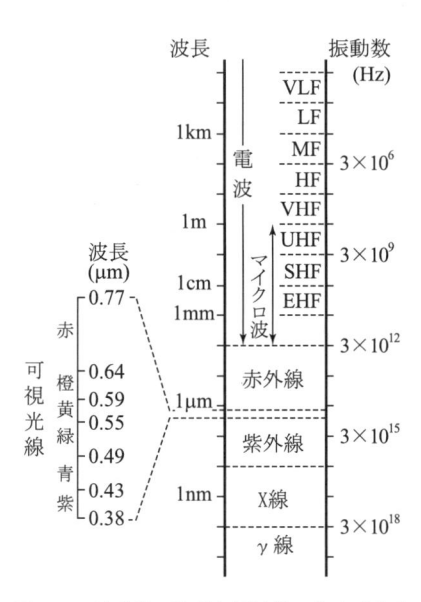

図 1.7　電磁波の波長と周波数，および名称

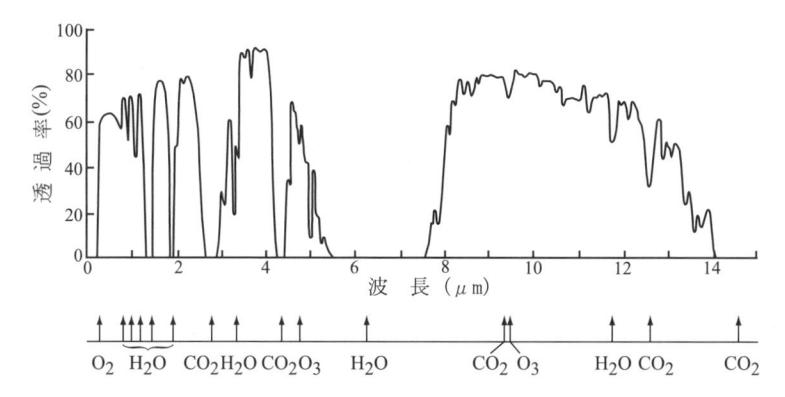

図 1.8 大気を透過する電磁波の特性。水蒸気，二酸化炭素，酸素などの大気物質によって透過率が小さくなる。

いう）であり，分子構造や粒子の大きさなどによっていろいろな種類の散乱や吸収などが生じる。それらの過程を巨視的に見ると，宇宙へ返す放射エネルギーも少なくないが，有害な宇宙線の透過をほとんどさえぎり，大気層を暖める効果をもつ。大気物質による温室効果である。

大気の中で温室効果をもつガスである水蒸気と二酸化炭素の透過特性を図 1.8 に示す。これらの分子の吸収スペクトルは不規則に分布している。大気は特定の波長から太陽放射や地表面からの放射を吸収する。したがって，吸収が非常に小さい波長帯も生じ，その波長帯を通して宇宙から地表を見るとほとんど補正なしに地上の現象を観測できる。この波長帯を「大気の窓」という。波長 10～12μm の間は代表的な大気の窓で，地表面温度を測定するのに適した赤外線を透過するため衛星からの地表面温度の測定に用いられる。現在，海表面温度の変動，火山活動の監視など広く連続的に情報収集されている。また"我々が用いている可視光"は大気の窓で，大気にさえぎられずに物体を見ている。衛星からのカメラ写真が最も重要な地表面データである。

大気を透過して地表面へ達した太陽光は，多様な性質をもつ陸面，海面あるいは植生によって反射され吸収される。地表面のアルベドは太陽高度によって異なり，また季節によっても異なる。最近は，植生がほとんどない都市域でのアルベドが，その独特の気候を形成していく過程に重要な役割を果たしていることが明らかにされている。代表的なアルベドの値を表 1.1 に示す。表より，地表面の 70％あまりを占める海面は，太陽光のエネルギーのほとんど

表 1.1 いろいろな地表面の放射特性。アルベド A と射出率 ε の値 (Oke, 1978)

地表面	備考	アルベド A	射出率 ε
土 壌	暗い，湿潤 明るい，乾燥	0.05～0.40	0.90～0.98
砂 漠		0.20～0.45	0.84～0.91
草 地	長い (1.0m) 短い (0.02m)	0.16～ 0.26	0.90～ 0.95
農作地, ツンドラ		0.18～0.25	0.90～0.99
果樹林		0.15～0.20	
森 林			
落葉樹	落葉時 着葉時	0.15～ 0.20	0.97～ 0.98
針葉樹		0.05～0.15	0.97～0.99
水	天頂角小 天頂角大	0.03～0.10 0.10～1.00	0.92～0.97 0.92～0.97
雪	旧 雪 新 雪	0.40～ 0.95	0.82～ 0.99
氷	海 氷 氷 河	0.30～0.45 0.20～0.40	0.92～0.97

を吸収するが，凍結すると半分近くを大気へ返すことがわかる。極域の海氷変動が，気候変動に大きな影響を与えることがわかる。

1.4 宇宙から見る地球

1957 年 10 月に人工衛星スプートニク (ソ連) が初めて打ち上げられ，その 3 年後に観測のための衛星がアメリカ合衆国から打ち上げられて"宇宙からの地球科学"の時代に入った。それまでの地球観測は，点と線のデータを得るしかなかった。宇宙からのリモートセンシング (遠隔探査) では，地球表面とそれを取り巻く大気の現象や水温分布を，短時間に広域的に見ることができる。そのため，梅雨前線やエルニーニョのようなグローバルスケール (地球規模) の現象が可視化され理解できるようになった。今では電磁波を用いた衛

星リモートセンシングが，地球観測の最も有力な手段となり，大量のデータを供給してくれる時代である．しかし，地中および海中には電波がほとんど入らないため，地球内部の構造や活動は伝統的な手法に頼っている．

1.4.1 人工衛星と搭載センサー

人工衛星には，軌道衛星の他に気象衛星ひまわり (GMS) のように静止しながら特定地域を観測する静止衛星がある．軌道衛星の中には地球の両極を通る衛星もあり，気候変動・地球環境の永年変化に重要な役割を果たす極域の観測を行っている．気象静止衛星は高度約 36,000km の赤道上から可視光と赤外線を用いて，台風や前線などの気象擾乱にともなう種々の雲や地表面温度などを連続的に観測している (口絵 1)．

搭載センサーには，受動型と能動型がある．受動型センサーは，カメラを含む放射計であって，対象となった大気や海面からの自然の熱放射をとらえる．四つの目 (受信する波長は 4 個) がそれぞれ最もよく見える対象物を観測し，複雑な大気や地表を明らかにする．また，個々の目のデータを組み合わせて，新しいものを見えるようにする (図 1.9)．気象衛星写真の他に，赤外線放射計やマイクロ波放射計からの出力で描く画像がある．これらの画像は，我々の目に見えない地表面や物体の特徴を現出してくれる．

能動型センサーは，いわゆるレーダである．波長数 cm から数 mm のマイクロ波帯電波を海面などに発信し，還ってきた散乱電波を解析して目標となったものの性質を明らかにする．また，途中の大気中で電波が減衰するのを解析して，水蒸気分布を求めたりすることができる．海面の高度を測るマイクロ波高度計，地表面の構造を映像化する合成開口レーダなどがある．

大気現象の中で風 (気流) は衛星リモートセンシングで直接測定できない．上層風は，気象衛星の雲画像の変化から得ている．海上風の測定には，風によって生じる小さな波浪群 (海面の粗度) とレーダ波の干渉の原理から開発されたマイクロ波散乱計 (レーダ) が実用化されようとしている．今では海洋上で約 1,800km の観測幅をもって，25km 四方の領域を一つの風ベクトルで表現できるようになった (図 1.10)．マイクロ波は雲を透過するため，台風域の風の分布が得られることなどが期待されている．

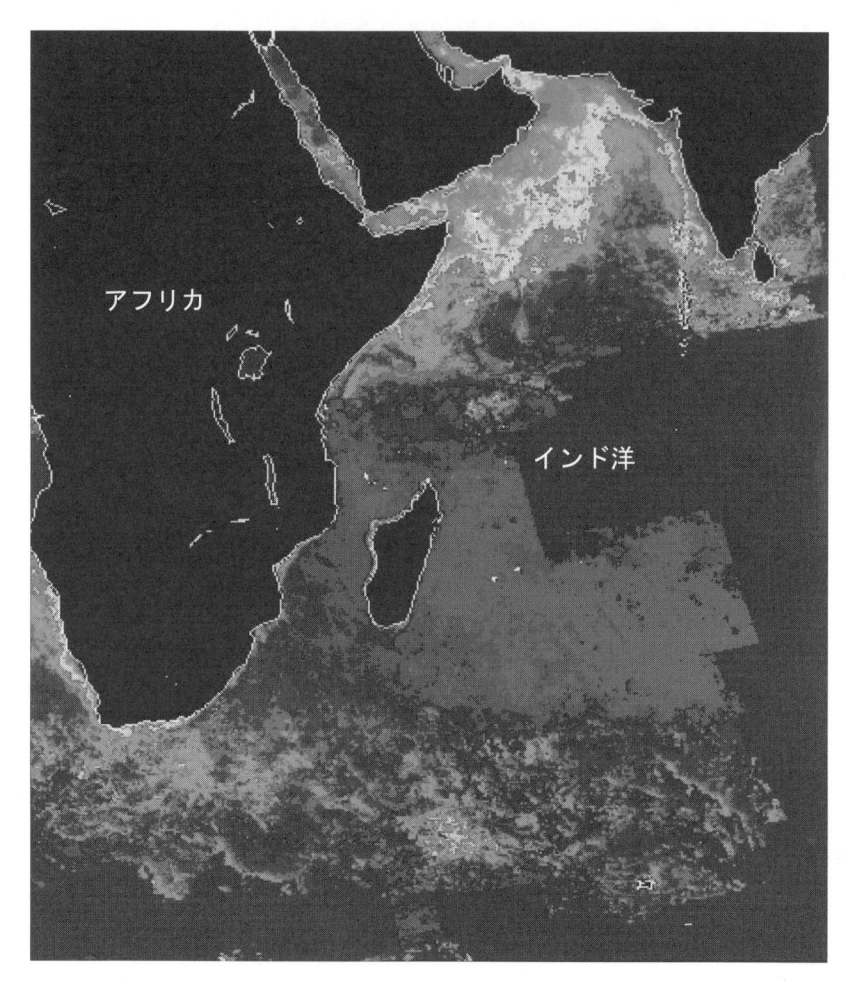

図 1.9 衛星搭載放射計 CZCS で観測されたインド洋西部の植物性プランクトン濃度分布 (NASA)。夏季の強いモンスーン (南西風) によって引き起こされたソマリー海流と湧昇により，アラビア半島からアフリカの沿岸海域でプランクトンの爆発的な発生を見る。白い部分が高濃度。インドモンスーンについては，図 2.16 を参照のこと。

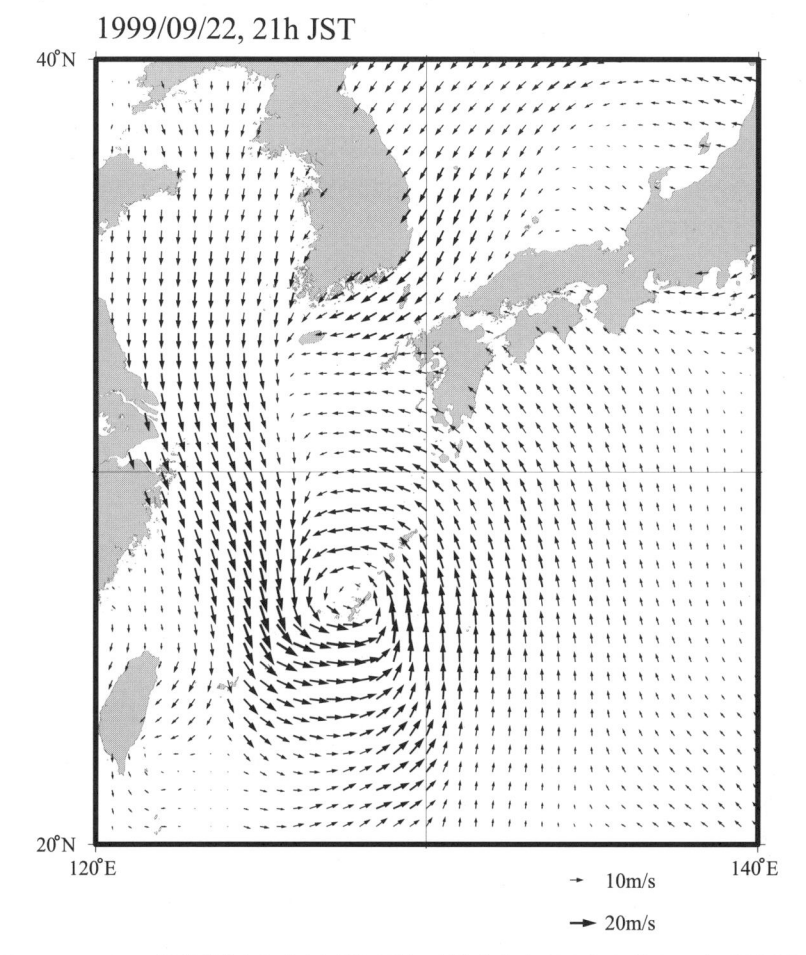

図 1.10 マイクロ波散乱計から求めた低気圧域の風速分布 (1999 年 9 月 22 日)。NASA のデータによる。

1.4.2 大気と地表面の映像

グローバルスケールの地表面温度，植生・砂漠分布，海上風分布などは，軌道衛星の一度のミッション (運行) では，必ずしも鮮明な画像が得られない。したがって多くの場合，複数の搭載センサーを用いた数回のミッションのデータを合成・加工して一つの画像にする。

口絵 2 に，世界の海洋の温度分布と陸地の反射率を示す。陸地の色は目で

見た色に近くなるように示されている。北アフリカ，アラビア半島，イランと続く内陸部は，緑が少ない砂漠地帯であり，大気大循環の大規模な下降気流帯となっている。また，太平洋西部の高温海域が示され，強い暖流によるものと理解できる。地球の平均的な形であるジオイドも，衛星搭載の高度計から求められる。ジオイドの分布は，地殻活動のみならず海流の循環などを知るのに有用である。

参考文献

会田勝：大気と放射過程，東京堂出版，1982.
小森長生：太陽系と惑星（新版地学教育講座 12），東海大学出版，1994.
古濱洋治，岡本謙一，増子治信：人工衛星によるマイクロ波リモートセンシング，電子通信学会，1986.
NASA(アメリカ合衆国航空宇宙局)ホームページ：http://visibleearth.nasa.gov/
Oke, T. R.：Boundary Layer Climate, Methuen & Co, London, 1978.
Stewart, R. H.：Methods of Satellite Oceanography, Univ. of California Press, 1985.

第2章

大気の現象

　半径 6,400km の回転する地球の周りをおよそ 100km の薄い層の空気が取り巻いている。その中でも，身近な気象は地上からおよそ 10km までの対流圏で生じる。しかし，我々の生活のスケールからみると，活動のほとんどを飲み込んでしまうほどの大きな「大気」である。大気中の現象を気象というが，狭い意味では，おおよそ 1 年よりも小さい時間変化の大気現象を指す。気候は，大気中の現象が海洋や陸地の変化と相互に影響を及ぼしあいながら，おおよそ 1 年以上，数十年から数千年にわたって現れる変化をいう。気象庁は気温，雨量などの観測値の 30 年平均値を気候値としている。

　大気中には，気体 (水蒸気)，液体 (水)，固体 (氷) と容易に相変化をする水 (H_2O) があり，湿潤空気の塊は相変化のたびに熱を放出あるいは潜伏させながら，地球の自転にともなって不規則な流体運動をする。台風，梅雨，日々の天気の移り変わり，寒波の襲来，季節変化などさまざまな大気の現象は，グローバルスケールの大気循環とそれよりも小さい気象擾乱によって引き起こされる。これらの擾乱はたがいに干渉しあっていて，複雑な現象を生み出す。

　また，前章で示した温室効果のように，大気の力学的運動に放射による加熱作用が寄与して，擾乱のメカニズムや強さなどが変化する。温室効果には水蒸気や，産業活動にともなう二酸化炭素なども寄与することはすでに述べた。

　図 2.1 に，我々の近くで生じる天気の変化をおおよその空間的な広がりと継続時間を対比して示した。図からわかるように，身近に見られる大気の運動が小さな運動に基づいて起こり，さらに大きな運動へと成長していく。単

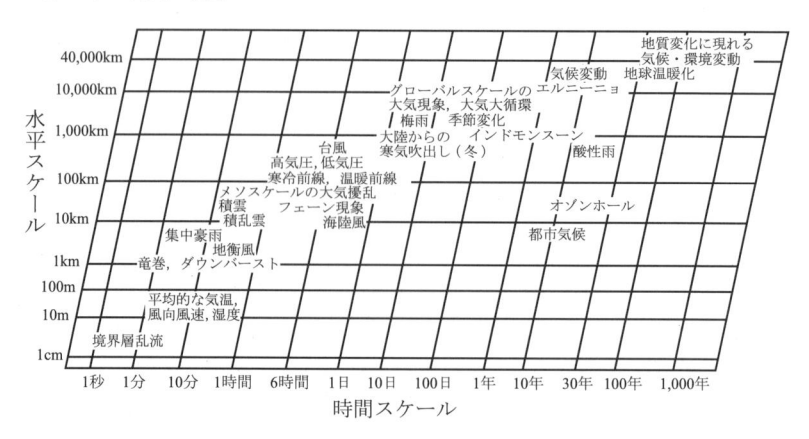

図 2.1 大気のいろいろな現象の時空間スケール

独で起きる現象は少ない。

2.1 大気の組成と分布

大気の密度は地上からおよそ 20km の高さになると，地上での密度の 10 分の 1 になる。気圧 (単位面積を押す空気の力) もまた 10 分の 1 以下になる。

気温は，地上から 10km くらいまでは単調に減少するが，それより高層では単純な分布ではない。

気圧は，hPa(ヘクトパスカル) の単位で表す。$1Pa=1N(ニュートン)/m^2$ で，hPa は Pa の 100 倍になる。地上での気圧は，1,013hPa(=1 気圧) であり，密度は，湿度によって多少異なるが，およそ $1.23kg/m^3$ である。

上空の大気の状態は，ラジオゾンデによって測られる。ラジオゾンデは，直径 1m ほどの風船に気温，気圧，湿度を測定する計器を搭載して放球され，データを電波で地上の受信所へ送ってくる観測システムである。また，風に流されているゾンデの位置が追尾されているため，気圧で測った高度での風速がわかる。

2.1.1 高層大気

図 2.2 で見られるように，地表から対流圏，成層圏，中間圏，熱圏となり，それぞれの成層の間には圏界面とよばれる遷移層がある。大気の成層は緯度によって少し異なる。高緯度にいくにしたがって薄くなる。対流圏は赤道付

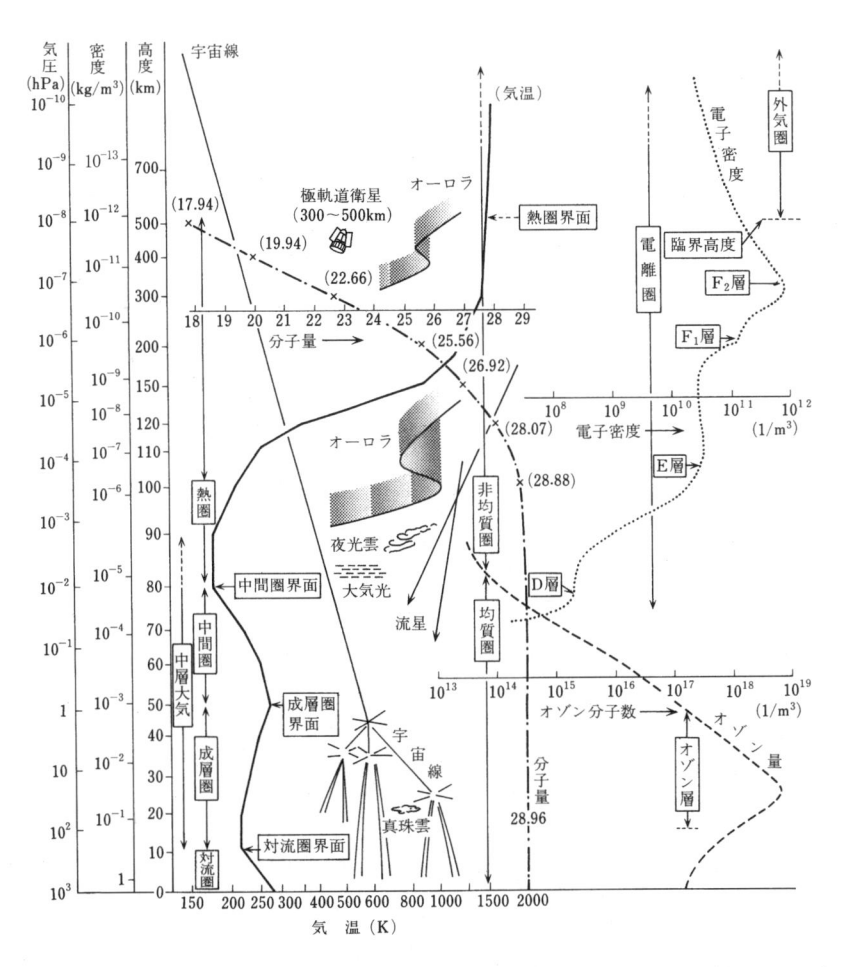

図 2.2 地球大気の鉛直構造．気圧 10^{-10} hPa までの密度，高度，気温など（安田，1994）

近でおよそ 15km，極域でおよそ 10km であり，水蒸気を大量に含んでいて対流活動が活発である．成層圏になると鉛直混合もほとんどなく，雲をつくらないので，旅客機は「雲の上」を飛ぶ．これより上の層は超高層大気とよばれ，空気も希薄でイオンと電子が自由に飛び回る電離圏である．超高層大気の電磁気学的な構造は複雑であるが，宇宙からの太陽風と干渉して，我々にオーロラの美しいショーを見せてくれる一方，電波通信の支障となる磁気嵐も発生する．

表 2.1 アメリカ合衆国標準大気, 1976 年

高度 (km)	気温 (°C)	気圧 (hPa)	密度 (kg/m³)
0	15.000	1.01325×10^3	1.2250×10^0
1	8.501	8.9876×10^2	1.1117×10^0
2	2.004	7.9501×10^2	1.0066×10^0
3	−4.491	7.0121×10^2	9.0925×10^{-1}
4	−10.984	6.1660×10^2	8.1935×10^{-1}
5	−17.474	5.4048×10^2	7.3643×10^{-1}
6	−23.963	4.7217×10^2	6.6011×10^{-1}
7	−30.450	4.1105×10^2	5.9002×10^{-1}
8	−36.935	3.5651×10^2	5.2579×10^{-1}
9	−43.417	3.0800×10^2	4.6706×10^{-1}
10	−49.898	2.6499×10^2	4.1351×10^{-1}
11	−56.376	2.2699×10^2	3.6480×10^{-1}
11.1	−56.500	2.2346×10^2	3.5932×10^{-1}
12	−56.500	1.9399×10^2	3.1194×10^{-1}
13	−56.500	1.6579×10^2	2.6660×10^{-1}
14	−56.500	1.4170×10^2	2.2786×10^{-1}
15	−56.500	1.2111×10^2	1.9476×10^{-1}
16	−56.500	1.0352×10^2	1.6647×10^{-1}
17	−56.500	8.8497×10^1	1.4230×10^{-1}
18	−56.500	7.5652×10^1	1.2165×10^{-1}
19	−56.500	6.4674×10^1	1.0400×10^{-1}
20	−56.500	5.5293×10^1	8.8910×10^{-2}
21	−55.569	4.7289×10^1	7.5715×10^{-2}
22	−54.576	4.0475×10^1	6.4510×10^{-2}
23	−53.583	3.4668×10^1	5.5006×10^{-2}
24	−52.590	2.9717×10^1	4.6938×10^{-2}
25	−51.598	2.5492×10^1	4.0084×10^{-2}
26	−50.606	2.1883×10^1	3.4257×10^{-2}
27	−49.614	1.8799×10^1	2.9298×10^{-2}
28	−48.623	1.6161×10^1	2.5076×10^{-2}
29	−47.632	1.3904×10^1	2.1478×10^{-2}
30	−46.641	1.1970×10^1	1.8410×10^{-2}
32.2	−44.394	8.6314×10^0	1.3145×10^{-2}
35	−36.637	5.7459×10^0	8.4634×10^{-3}
40	−22.800	2.8714×10^0	3.9957×10^{-3}
45	−8.986	1.4910×10^0	1.9663×10^{-3}
47.4	−2.500	1.1022×10^0	1.4187×10^{-3}
50	−2.500	7.9779×10^{-1}	1.0269×10^{-3}

現実の大気の性質の高度分布を平均的に表したものを標準大気という。表 2.1 に，高度 50km までの気温，気圧，密度の分布を示す。水蒸気の存在は無視されている。日本のような中緯度地域での大気の特徴を表現している。しかし地表に近い大気は，海洋に囲まれた地域では水蒸気が大量に存在するため，実際の平均密度は少し大きい。1.3.2 項で示した地表面温度 15°C は，標準大気の地表面温度にあたる。また標準大気において，対流圏界面の高度，気圧，

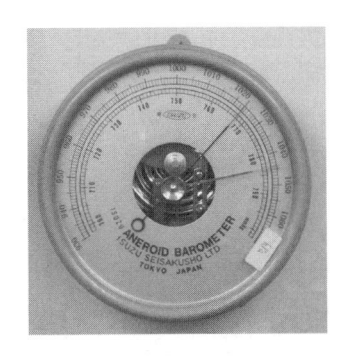

図 2.3 水銀気圧計 (左) とアネロイド気圧計 (右)

気温は，それぞれ 11km，226hPa，−56.5°C である．

気圧 p から高度 H(m) を求める関係式は，気温に少し影響されるので，気温をパラメーターとして次式で表される．

$$H = 18,400(1 + 0.00366T) \log \left(\frac{p_0}{p} \right) \tag{2.1}$$

ここで，T は高度 H までの大気の平均気温 (単位は°C) で，p_0 は地上の気圧である．地表付近に濃く存在する水蒸気を無視してもほとんど誤差はない．

よく高層天気図などの説明でいわれる，500hPa は上空およそ 5,500m で，対流圏の中ほどの層を指す高度である．850hPa はおよそ 1,500m で，この高度より下では地表面の影響が強くなる．このように気圧と高度は一対一に対応しているので，気圧でもって高度を測定することがよく行われている．航空機に搭載されている気圧高度計は，滑走路での気圧の値 p_0 を入力して上式にしたがって補正する．

気圧の測定には，水銀気圧計かアネロイド気圧計が一般的によく使われている (図 2.3)．

2.1.2 地上の大気

水蒸気 (H_2O) を含まない大気を乾燥空気という.水蒸気は,乾燥空気にいろいろな形で取り込まれて気象現象を引き起こす.地上での乾燥空気の組成を表 2.2 に示す.

表 2.2 地表での乾燥空気の組成

気体	体積百分率
窒素 (N_2)	78.09%
酸素 (O_2)	20.95
アルゴン (Ar)	0.93
二酸化炭素 (CO_2)	0.03
その他	0.003

現在の空気の組成は,石炭のもとになる木々が繁っていた太古の昔と同じではない.この表に示される気体分子の相互の割合は,地上から 80km まではほぼ一定である.オゾン (O_3) の量は,地上では微量であるため表には示されていないが,成層圏で大きくなる.窒素 (N_2),酸素 (O_2),アルゴン (Ar) はグローバルスケール (地球規模) でも変動はない.しかし,二酸化炭素 (CO_2) は,陸地や海洋,植生などの違いのため,地域や季節によって変化がある.

水蒸気を含む大気を湿潤空気という.水蒸気の含まれる割合は気温によるが,多くても 4%程度である.湿潤空気のふるまいを知ることが天気予報の大きな部分である.

大気中には,この他,煙,塵埃,火山灰,黄砂,海塩粒子 (海面からの水の飛沫) などの大きな粒子が浮遊している.これらはエーロゾル粒子とよばれ,大気放射に影響するばかりでなく,降雨にも直接関係し,気候変動にも寄与するなど広く大気現象にかかわる.エーロゾル粒子の大きさは,10^{-9} m から 10^{-4} m で,その大きさに応じた挙動をする.

2.2 下層大気のふるまい

地表面近くの大気の流れは,地面や海面からの蒸発や加熱・冷却によって,また地表面での摩擦によって大きな変化を受ける.地形の凹凸の大きさによっても流れが変わるだけでなく,熱的な効果も変わる.地表面の大気への影響

は，およそ3kmまでおよび，陸面より海面のほうが低い。地表面の影響が大きい成層は大気境界層とよばれ，我々の日常の生活がその中にすっぽりと包まれる。

2.2.1 気温と湿度

気温は，大気現象を表現する最も重要な項目の一つであり，日常生活の指標となっている。気温は，大気中に存在する分子の運動エネルギーの総和を示す物差しである。したがって，上方へ上がって大気密度が薄くなると，気温が下がる。

湿度は，大気中に水蒸気量がどの程度含まれているかを表すものである。水蒸気の量は，水蒸気圧(単位はhPa)で示される。大気中には，水蒸気を無限に多く含むことができなくて上限があり，この上限を超えると水や氷になる。水蒸気の上限を飽和水蒸気圧といい，気温によって決まる。

図2.4からわかるように，飽和水蒸気圧は気温が上がると急速に増加する。いいかえれば，氷が張るような寒いときには，大気中に水蒸気は極めて少ない。湿度の程度は，一般には相対湿度で示され，次式で表される。

$$r_h = \frac{e}{E_s} \times 100 \ (\%) \tag{2.2}$$

ここで，eは大気中の水蒸気圧，E_sはそのときの気温に対する飽和水蒸気圧で，図2.4で与えられる。相対湿度が100%を超えると，水蒸気が相変化を起こし雲や霧を発生させるのはすでに述べた。上式でわかるように，同じ相対湿度でも，気温によって大気中に含まれる水蒸気量は大きく異なる。たと

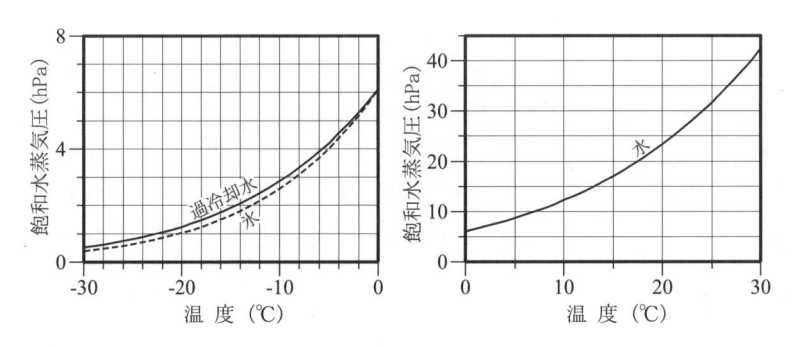

図 2.4 気温に対する飽和水蒸気圧

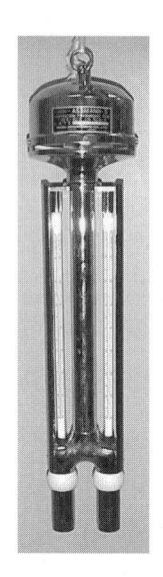

図 2.5 アスマン通風乾湿計

えば，$r_h = 70\%$ でも，真夏の気温 $T = 30°C$ のとき $e = 30\text{hPa}$，真冬の気温 $T = 0°C$ のとき $e = 4\text{hPa}$ であって，真夏は冬に比べて，水蒸気量は文字どおり桁違いに大きい。いろいろな現象における熱収支を評価するとき，相対湿度ではなく大気中の水蒸気の量で直接表すことが多い。比湿 q はその一つで，湿潤空気 1kg 中にある水蒸気量を g 単位で表す。比湿 $q(\text{g/kg})$ は，水蒸気圧 e と気圧 p がわかっているとき，

$$q = \frac{622e}{p - 0.378e} \approx \frac{622e}{p} \tag{2.3}$$

で与えられる。上記の相対湿度 70%の例において，真夏では $q = 18(\text{g/kg})$，真冬では $q = 2.4(\text{g/kg})$ である。

　地上の気温は，高さ 1.5m で日陰で測ったものを基準とする。湿度も同じ高さで測る。測定には，乾球 (裸の水銀だまり) と湿球 (水銀だまりに濡れたガーゼを巻いたもの) の 2 本の水銀温度計を用いた通風乾湿計で行い，乾球示度 (気温) と湿球示度を求める。相対湿度は，乾球示度と湿球示度から算出する。乾湿計には，容易に相対湿度を算出できるゲージが付属品としてついている。いろいろな観測点へ携帯できる代表的な乾湿計として，アスマン通風乾湿計 (図 2.5) があり，よく用いられる。

2.2.2 風

大気の流れを風というが，そのふるまいは大気現象の中心的な役割をする。風自身が大きな力をもち，木々や建物を圧し，吊り橋を揺すり，海に波を起こし流れを生じさせる。さらに熱や水蒸気を運ぶ。暑い夏は，さわやかな風になり，冬の凍えるような寒風は身を縮ませる。

風が吹いてくる方向を風向という。北風は北から吹いてくる風である。一般に川の流れや海流など，流れるものは「流れ去る方向」を流向とするが，風は正反対でよばれる。風向は 16 方位で示される (図 2.6)。

風速は大気の流れ (気流) の大きさであり，m/s の単位で測られる。ただし，アメリカ合衆国の古い習慣で，速度をノットの単位で測っている場合があり，また社会生活に使われているため，次の換算式が必要なことがたびたびある。

$$1 \text{ノット} = 0.514 \text{ m/s}$$

平均風速は，10 分間の観測値を平均した値であり，最大瞬間風速は，10 分間の観測中最も大きかった値である。地形など観測所の周囲の状態にもよるが，平地では最大瞬間風速は，平均風速の 1.5 倍から 2.0 倍くらいが多い。

風速は高さによって異なるから，地上から 10m の高度で測定したものを基準とする。野外で風向風速を測定する測器で，最も広く使われているのは風

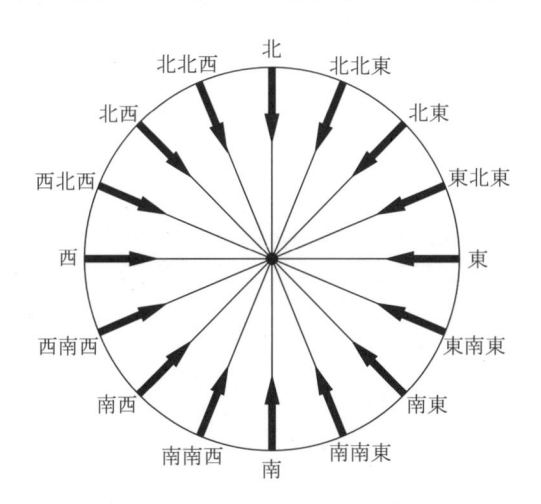

図 2.6 16 方位で示した風向

図 2.7 風車型風向風速計

車型風向風速計 (図 2.7) である。周囲に障害物がないところで地上から 10m の高さにポールを建て，風向風速計を設置する。出力データは屋内で自記させる。大気の運動量輸送などを直接測定するためには，平均風速とともに三次元の風速変動も測定する必要がある。そのような場合は，音波伝搬が風によって偏ることを利用した超音波風速計が用いられ，精度の高い風速測定がなされる。

地表面近くの風は，地面または海面の状態に支配される。風速は地表面に近づくとだんだん弱くなるが，その弱まる程度は地表面の凹凸の状態で決まる。すなわち，上空の風速が同じでも，地上から数十 m までの風速の鉛直分布は，地表面が草地，田圃，裸地，水面などの違いでもって変化する。平均風速 U の高度 z 分布は，風が凹凸のある地表面をこする力を τ とすると，

$$U = \frac{u_*}{\kappa} \ln\left(\frac{z}{z_0}\right) \tag{2.4}$$

$$u_* = \sqrt{\frac{\tau}{\rho}} \tag{2.5}$$

で表すことができる。ここで，ρ は空気の密度である。u_* は摩擦速度とよばれるもので，上空の風の運動量が地表面へ送られて摩擦力となって失われる大きさを m/s 単位で表したものであり，上空の風の強さに対応している。z_0

は地表面の凹凸などの状態を長さの単位で表したもので,空気力学的粗度とよばれるパラメターであるが,地表面の凹凸を実測した大きさではない。粗度のおおよその値は,草地では $z_0 = 0.05$m,裸地では $z_0 = 0.01$m,風波のある水面は $z_0 = 0.0001$m となる。$\kappa = 0.4$ で定数である。上式からわかるように,海のように粗度が小さいと,海面近くまで上空とあまり変わらない強さの風が吹く。この対数法則の式は,飛行機の翼に接する気流の速度分布,川の流速分布などに広く通じる。

海面を風が吹くときの摩擦抵抗力は,上式より求められる。高度 $z = 10$m で平均風速 $U_{10} = 10$m/s の場合,$z_0 = 0.1$mm,$\rho = 1.3$kg/m^3 とすると,$u_* = 35$cm/s,$\tau = 0.157$N/m^2 の結果を得る。陸上では風の摩擦抵抗力は熱エネルギーとなって消散するが,海上では表層に連続して伝わり流れを引き起こす。空気力学的粗度 z_0 は,実測された風速分布で与えられるものなので,ここでは平均的な値を使った。

地表面での摩擦抵抗力を容易に求められる経験式がある。

$$\tau = C_{\mathrm{D}} \cdot \rho U_{10}{}^2 \tag{2.6}$$

ここで,C_{D} は経験的な係数であり,風速の増加とともにやや大きくなるが,海上では $C_{\mathrm{D}} = 0.0012$ とする。この式を使って求めた τ は,上の例において,鉛直分布の (2.4) 式を使って求めた値と一致する。

高度 1km までの平均風速は,工学的には次の経験式を用いることが多い。

$$U = U_1 \left(\frac{z}{z_1} \right)^\alpha \tag{2.7}$$

ここで,U_1 は基準とされる高さ z_1 での風速で,通常 $z_1 = 10$m で測定されたものをとる。α は地表面の凹凸などの状態を表すパラメターで,平地では $\alpha = 1/7$ 近傍の値になる。

2.2.3 気流の上昇と下降

天気の変化はどのようなしくみで生じるのかを見るのは,空気塊が上昇する場合 (上昇気流) あるいは下降する場合 (下降気流) に,どのようなことが起きるかを調べるとわかりやすい。空気塊の上下運動である対流は,大気の状態が安定か不安定かで抑えられたり激しくなったりする。

空気塊が上昇するときの状態の変化を図 2.8 に示す。実際の大気の変化を

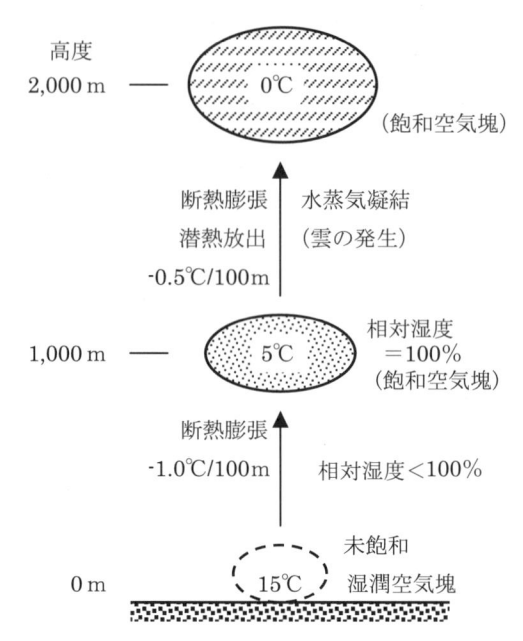

図 2.8 空気塊の上昇。相対湿度 100%になる高度 1,000m までは乾燥空気と同じ気温低下をし，それよりも高い高度になると水滴 (雲) をつくりながら上昇するため，気温低下が小さくなる。

考えるとき，空気塊は周囲の大気と熱の出入りがないとしてよい。すなわち空気塊は断熱変化する。

空気塊に水蒸気が含まれていない場合，上昇して周囲の気圧が下がると断熱膨張し，温度が下がる。この割合を乾燥断熱減率といい，$0.00976°C/m$ である。

空気塊が湿潤空気からなるときは，上昇するにしたがって生じる現象は単調ではない。断熱膨張を続けながら上昇する空気塊は，温度が下がり続けるため，ある高度に達すると水蒸気は飽和する。すなわち相対湿度が 100%になる。さらに上昇し空気塊の温度が下がると，水蒸気は相変化を起こし凝結して水滴になる。雲や霧の発生である。このときの変化にともなって熱を放出する。放出される熱は潜熱とよばれ，2,500J/g の割合で空気塊を暖める。潜熱とよばれるのは，海面のような水におおわれた地表面から水蒸気が生成されるとき，水から同じ割合で熱を奪って潜って保持していたのを，再び水滴

になって放出するためである。また，相変化をすることによって，水蒸気により運ばれる熱をいうときもある。熱収支の評価の場合は，水蒸気量を熱で換算する。

空気塊が飽和するまでは水蒸気の相変化はないから，上昇することによって下がる気温の割合が，乾燥断熱減率と同じである。晴れた日に熱気球に乗って上昇すると，100m毎におおよそ1°Cだけ気温が下がるのを観測する。

潜熱を放出しながら上昇する空気塊の冷える割合を湿潤断熱減率といい，乾燥断熱減率よりも小さい。湿潤断熱減率は，水蒸気が水滴になる量によって異なるので一定値ではない。図2.4でわかるように，飽和水蒸気圧は気温が上がると急に大きくなる。したがって，夏季では，湿潤断熱減率は0.004°C/m近傍の値を，冬季は乾燥断熱減率に近い値をとる。一般に，0.005°C/mを概算値として用いる。霧に包まれて山を登ると，100m高度が上がる毎におおよそ0.5°Cだけ気温が下がる。

気温が0°Cになる高度に至ると，水滴が氷結するため気温が0°Cを保ち，水滴がなくなるまで一定である。さらに上昇すると，水蒸気が直接氷の結晶になる。この場合は熱の放出はわずかであるので，気温は乾燥断熱減率で下がる。

空気塊が上昇するのをやめて，ある高さから下降する場合を考える。相変化によって上昇中に生成された水滴や氷晶は，雨または雪となって落下する。実際の大気中での降雨や降雪は複雑でよくわからない。上昇中に空気塊に起きた現象が，下降中に同じ高度になっても，同じように生じることはない。

最も極端な場合は，生成された水滴や氷晶が上昇中にすべて落下する例である。このような空気塊の下降は，非常に単純な変化を示す。すなわち，下降を始めると空気塊は不飽和状態(相対湿度が100%未満)になるから，乾燥断熱減率で昇温する。そのため，同じ高度まで落下してきたときは，上昇し始めたときよりも高温になっている。

フェーン現象は，上述した湿潤空気の上昇と下降によって生じる。湿った空気が山脈の斜面に沿って上昇し，水蒸気を凝結させて雲を発生させ雨を降らせる。その際には，相対湿度が100%の飽和状態になる。そして湿潤断熱減率で冷えるため，頂上に達しても気温の低下は小さい。この空気が山を越え下降し始めるときは水蒸気をあまり含んでいなくて，乾燥断熱減率で上昇時のおおよそ2倍の割合で昇温する。この山越えの乾いた熱風である下降気

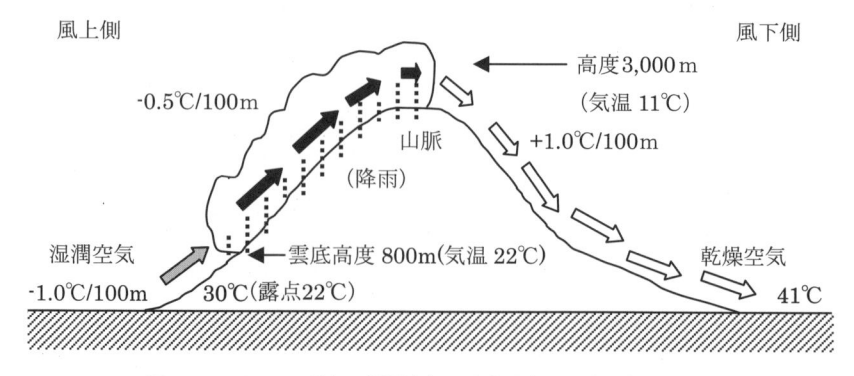

図 2.9 フェーン現象。湿潤空気が山を越えるときの気温変化。

流をフェーンという (図 2.9)。風下側の地域では異常乾燥と高温に見舞われ，大火を発生しやすい。日本での記録的な高温はフェーン現象にともなうもので，1933 年 7 月山形市で気温 40.8°C が観測された。

2.2.4 雲と降水

大気中のエーロゾルなどを核にして，水蒸気が凝結したり氷晶がつくられたりする。雲や霧を生成するのである。霧は地表面に接して層をなす場合をいい，雲と性質は同じである。雲は極域成層圏雲などの特殊な場合を除いて，対流圏でのみ発生する。

雲を構成する小さな雲粒は，直径がおおよそ $2\sim40\mu m$ で，$200\mu m$ を超えると雨滴として落下する。日本のような中緯度地域の雲は，0°C 以下になっても凍らない過冷却の水滴からなっている場合が多い。雲の分類は，10 の基本形でまとめられている (表 2.3)。雲は組織的にできる場合と孤立してできる場合があり，さまざまな大気の状態や地形によって出現する。積乱雲はむくむくと鉛直に盛り上がって発達する入道雲のことで，雷を発生させることが多い。著しく発達するときは，その雲頂は 10km を超える。

雲は太陽光をさえぎり，太陽の熱エネルギーの一部を受け取らないで宇宙へ返す。太陽放射や地球のアルベドについては，すでに 1.3.1 項と 1.3.2 項で述べた。宇宙から見た地球の雲の分布は，正確には与えることが困難である。雲は，短い時間で発生したり消滅したりすることが多い。また，表 2.3 に示されるように種類が多く，出現する高度もさまざまなので，地球表面に占める面積の割合や厚さなどが変化する。人工衛星から地球全域の雲を常時観測

表 2.3 雲の分類と記号

名　称	国際名	記号	よく現れる高さ
巻　雲	Cirrus	Ci	上　層
巻積雲	Cirrocumulus	Cc	熱帯地方 6～18km，温帯地方 5～13km
巻層雲	Cirrostratus	Cs	極 地 方 3～8km
高層雲	Altostratus	As	中　層
高積雲	Altocumulus	Ac	熱帯地方 2～8km，温帯地方 2～7km
乱層雲	Nimbostratus	Ns	極 地 方 2～4km
層積雲	Stratocumulus	Sc	下　層
層　雲	Stratus	St	地面付近
積　雲	Cumulus	Cu	雲底は通常下層にあるが，雲頂は中層および上層
積乱雲	Cumulonimbus	Cb	にまで達していることが多い。

注）高層雲：通常中層に現れるが，上層まで広がっていることが多い。
　　乱層雲：通常中層に現れるが，上層にも下層にも広がっていることが多い。

することでアルベドへの寄与がわかるが，多くの努力がいる。

また，雲は陸面や海面から上方へ放射される赤外線を吸収する。このように，雲によって地球あるいは地球大気内の熱収支が大きく変わるため，雲の存在は日常の天気の変化だけでなく気候変動にも深く影響する。

雨，雪，霰，雹などを総称して降水という。雨量は地面にたまった水の深さで表し，通常 mm 単位で表示する。雪や霰は融かした水の量で測る。雲の中での雲粒から雨などの降水粒子への生成は，過冷却水滴からの蒸発と昇華による氷晶の成長や，雲粒の衝突・合併による成長などの複雑な過程を経る。降水は前線などの大気の擾乱によって生じる。台風のように発達した強い擾乱では，大雨が降る。

日本の年降水量は，およそ 1,800mm で，成人の身長よりやや大きい。地域によってかなり降雨量の差があり，東北・北海道地方よりも四国・九州地方のほうが多く，宮崎の雨量は札幌のおよそ 2 倍である。小さな地域に短時間で降る集中豪雨は，大きな洪水や土砂災害を引き起こす。最大 1 時間降水量として，1982 年 7 月に長崎県の長与で，187mm を記録している。また，1 日の降水量の最大は，1976 年 9 月に徳島県の日早で，1,114mm を記録しているが，台風による豪雨である。

世界の降水の地域分布を図 2.10 に示す。南極や北極に近い高緯度地帯では

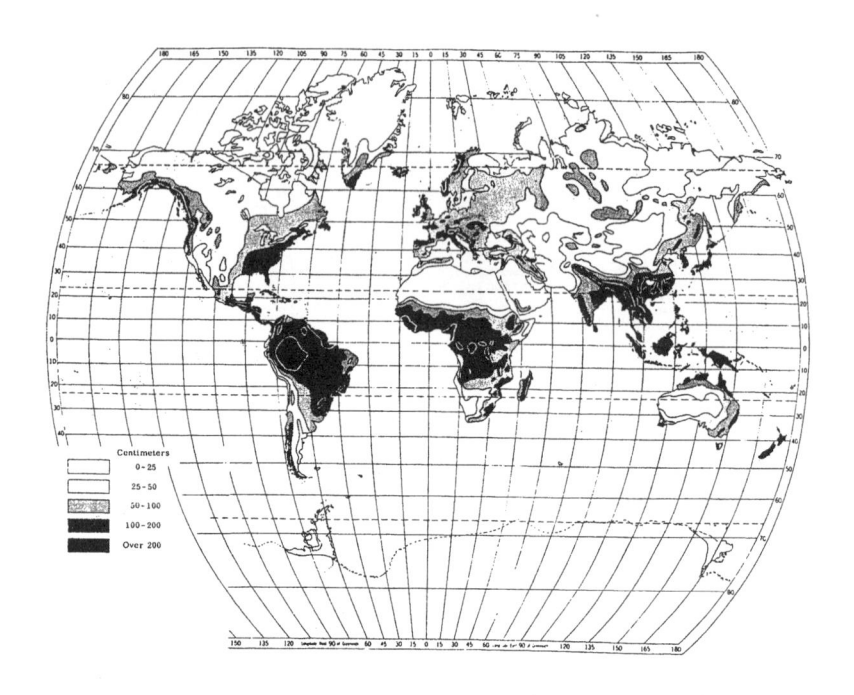

図 2.10 世界の陸上に降る年間平均降雨量 (Crichifield,1966)

少なく,海水温が高くて蒸発が盛んな赤道周辺の熱帯域が多い。アマゾン川河口近くの都市ベレンでは,年降水量は 2,860mm にもなる。

2.3 グローバルスケールの大気のふるまい

地球を取り巻く大気の運動は,流体力学と熱力学で解明され,また表現される。近年,スーパーコンピュータの発達によって,グローバルスケールの大気現象は,海洋,陸面,雪氷域からの寄与も含めて複合的にモデル化され,数値シミュレーションで説明あるいは予報されることが多い。また,回転する水槽の中の流れで,大気大循環の現象を近似的に再現することができる。可視化された水の流れは,地球の大気と海洋の運動をよく理解させてくれる。

地球全体の平均的な熱収支は,1.3 節で述べた。しかし,大気の運動を見るためには,地球表面が受ける太陽放射のエネルギーが太陽高度にとって著しく違う,すなわち緯度が高くなるにしたがって受け取る入射エネルギーが非

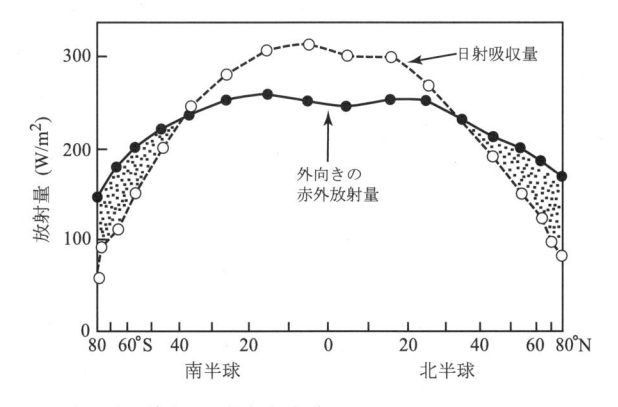

figure: 全地球の緯度別の放射収支のグラフ。横軸は緯度(80°S〜80°N)、縦軸は放射量(W/m²)。破線・白丸は日射吸収量、実線・黒丸は外向きの赤外放射量を示す。

図 2.11 全地球の緯度別の放射収支 (Vonder Harr and Suomi, 1971)

常に少なくなることと，地球から外へ逃げていくエネルギーはあまり緯度に依存しないことを考慮することが重要である (図 2.11)。

太陽から受け取ったエネルギーだけを考えて地球の気温分布を求めると，大変厳しいものになるが，現実には熱帯域と極域の気温差を和らげるいくつかのメカニズムがはたらいている。その大きな役割を果たすのが大気と海洋による熱輸送である。

1735 年にハドレーは，熱帯域と極域の間を大気が輸送する熱の循環のモデルを最初に示した。ハドレーによる大気の子午面 (南北) 循環は，積み重ねられたいろいろな観測事実と合わない点が多いが，流体 (大気の流れ) の運動において，地球の自転の効果を取り入れている。回転座標系，すなわち，我々がいる地表面においては，転向力 (コリオリの力) が生じると，コリオリが説明するはるか以前に提案されたことである。

図 2.12 に，大気大循環の模式図を示す。地表面はヒマラヤ山脈を擁するユーラシア大陸や大きな太平洋など複雑であり，また南半球と北半球が対称的でないので，現実のグローバルスケールの気流系は単純ではない。さらに，季節によって特有の風系が生じるが，これらを東西に平均した気流が図示されている。子午面の鉛直循環は，赤道から両極に向かってハドレー循環，フェレル循環および極循環の順に分かれて並んでいる。ハドレー循環とフェレル循環の間には，蛇行しながら西から東へ地球を循環する気流である偏西風が吹いている。その偏西風帯のうちでとくに強い流れをジェット気流といい，高度約 11km で風速が 40m/s を超える。

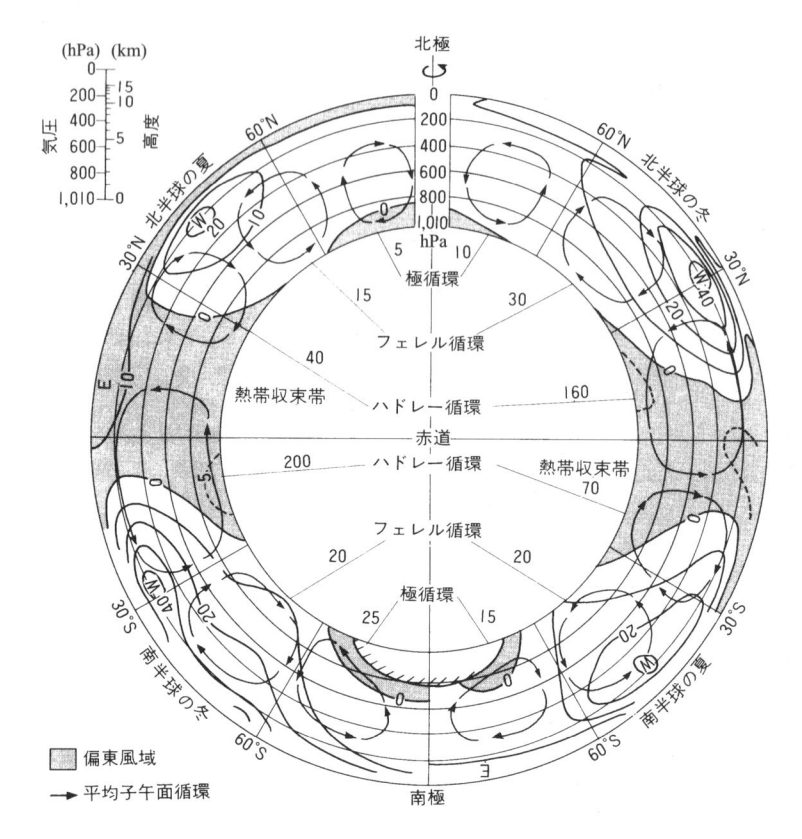

図 **2.12** 夏季と冬季に分けて示した全球の大気大循環．東西方向に平均した気流を m/s 単位で表してある (浅井他, 1981)

また，下降気流がある地帯は砂漠などの乾燥地域となり，上昇気流がある地帯は雲が多く発生し多雨地域である．図は平均化された循環系であるが，平均化しない循環系では，熱容量の大きい海洋と熱容量の小さい陸地に接する下層大気で差異が生じる．その結果，グローバルスケールの停滞性の気圧配置が生まれる．

2.3.1 四　季

地球は太陽の周りを楕円軌道に沿って 1 年周期で回っているが，自転軸はこの公転面に対して約 23.5 度傾いている．そのため，1 年を通じて太陽高度が変化するとともに太陽に照らされる日中の時間も変わる．それと同時に，我々

が受け取る太陽からのエネルギーも変化し，季節が生まれる．春，夏，秋，冬の四季の変化は，太陽高度におおよそ準じて訪れるが，中緯度に位置して海に囲まれた日本では遅れる．また，地域的な特徴も大きく，梅雨前線の停滞による多雨や台風の襲来，冬季の大陸からの季節風の吹き出しなどさまざまな現象が現れる．

2.3.2 水循環

地球上に存在する水は，およそ $1.46 \times 10^9 \mathrm{km}^3$ である．ほとんどは液体(いわゆる水)であって，わずかな残りが気体(水蒸気)と固体(氷)の相をしている．これら三つの相は地球の環境条件下で比較的容易に変化し，相変化自体や相変化にともなう熱収支は気象や気候の変化のメカニズムにおいて主な役割を担っている．

表2.4で示されるように，海洋水は地球表層の水の97.1%を占めている．大気や陸地，あるいは生物などに取り込まれて，種々の現象に寄与している水の量は，地球全体から見ると非常に少ない．

図2.13に，地球上における水の存在量の分布と水循環を模式的に示す．海上の大気に含まれる水蒸気は，海洋の水の蒸発によって供給される．この水蒸気の大部分は雲となって雨や雪として再び海に帰る．残りのおよそ10%の水蒸気や雲が陸上に移動する．陸地では，地表面や植物からの蒸発散による水蒸気が海洋上からの移流に加わって雲をつくり，雨や雪となって地表面に降る．地表面での降水の経路は時間的にも空間的にも複雑であるが，大気へ

表 **2.4** 地球表面の水の分布

水の総体積		$1.46 \times 10^9 \mathrm{km}^3$
うち海洋	97.1%	
雪氷	2.2%	
地下水	0.7%	
土壌水	0.002%	
大気中の水蒸気	0.001%	
地球上の水の平均の厚さ		2,940m
陸上での平均の厚さ		
雪氷と地下水		280m
土壌水		170mm

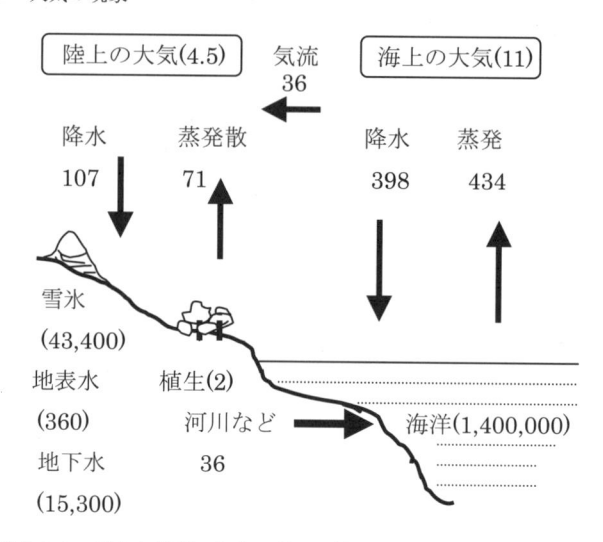

図 2.13　地球上の水の存在と循環。矢印に付した数値は，輸送される量 ($\times 10^{12} \mathrm{m}^3$/年)，他の数値は種々の形で存在する量 ($\times 10^{12} \mathrm{m}^3$)。

蒸発散した残りは大小の河川を通って海に帰ってくる。陸域での複雑な水循環の経路は，我々の環境を形成している。水循環に組み込まれる水の割合は長期間にわたってわずかしか移動しない氷河も含めて 3%に満たない。

　この水循環において，大気中での存在量は，地球上の水の約 0.001%で驚くほど少ない。2.2.1 項で説明したように，大気中に含むことのできる水蒸気量の上限は気温で決まってしまう。そのため，地球の平均気温 (放射平衡による気温) である 15°C を目安に考えると，0.001%はほぼ合理的な数値といえる。水循環のルートや規模は，熱帯域，極域，我々が生活する中緯度域などで，かなりの形態の差異があり，循環に要する時間も異なる。

2.4　気団と天気図

　地球表面は熱容量が大きい海洋やいろいろな特徴をもつ大陸におおわれているため，大気大循環において停滞性の気圧配置が生じることはすでに述べた。非常に広い海洋や大陸の上に発生して長い期間持続し，ほぼ一様な特有の性質をもつ大気の塊を気団といい，数百 km から 1,000km を超える水平スケールと，対流圏をほぼ占める鉛直スケールをもつ。地球上での発生する地

域は特定されている。

2.4.1 季節変化を支配する気団

気団は天文学的な季節変化，すなわち太陽高度の変化によってそれぞれの地域で大きく発達する。一方，気団は発生する地域と周辺の地域の気候を支配する。いいかえれば，我々が日常経験する季節変化は気団によってつくられている。

また，気団は生まれたところから移動する。大陸と海洋では熱容量が大きく異なるので，陸面と海面の相対的な温度差は夏季と冬季で逆転する。冬季は，陸面の温度が海面の温度より低い。したがって，大陸性の気団が海洋上に移動すると，接する地表面は異なってくるので変質するようになる。このように気団変質が生じると，大きな天気の変化が現れる。

日本付近の気候の変化に直接影響する気団を取り上げ特徴を示す。

(1) シベリア気団と日本海での気団変質

大陸性寒帯気団で，発源地はシベリアである。冬季に乾燥した低温の大陸で発生し，高気圧性で，雲がないため放射冷却(地表面からの赤外線の放射による冷却)によって下層大気がさらに低温化して発達する。典型的な冬の日本付近の天気を現出する。図 2.14 で見られるように，シベリア大陸から日本海へ移動してきた気団(高気圧)は，対馬海流が流れる暖かい海面から熱や水蒸気を供給され変質し，雲を発生する。衛星写真で見られる大量の筋雲(積雲)である(図 2.15)。これらの雲は日本列島に上陸すると，多量の降雪をもたらす。シベリア気団に日本海から供給される熱や水蒸気(潜熱)の総輸送量

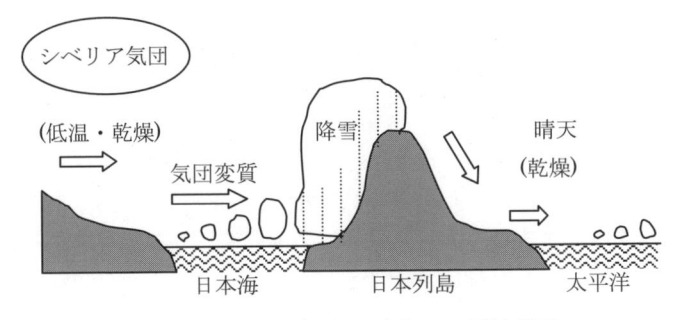

図 2.14 シベリア気団の日本海での変質と降雪

図 2.15 冬季の大陸からの寒気吹き出しによる雲の分布。1979 年 1 月 19 日気象衛星「ひまわり」の可視画像。

は，$1,000\mathrm{W/m^2}$ を超えることも珍しくなく，このときは裏日本に豪雪をもたらす。他方，山脈を越えた太平洋側では，乾燥した晴天になる。寒気団が中国大陸から東シナ海・沖縄方面へ移動すると，強い低気圧(東シナ海低気圧，いわゆる台湾坊主)を発生発達させる。この低気圧が列島南岸を通過すると，太平洋側にも降雪をもたらす場合が多い。忠臣蔵の吉良屋敷の討ち入りや陸軍青年将校が決起した 2・26 事件の東京の雪は，東シナ海低気圧による。

(2) 夏季の小笠原気団

　北太平洋西部で形成される海洋性熱帯気団である。夏季には北太平洋の水温は高く広い範囲で一様になって，亜熱帯高気圧は非常に強大になる。小笠原気団はその圏内で生まれる。日本に高温多湿の南寄りの気流を送り込み，特有の蒸し暑い晴れた夏を持続させるが，雷雨や時には集中豪雨をもたらすこともある。

(3) オホーツク海気団と梅雨

海洋性寒帯気団の一つで，夏の初めにオホーツク海や千島列島付近の海域で発達する。この方面は寒流が支配しているため水温は低く，低温で湿度の高い空気塊がつくられる。オホーツク海気団から吹き出す気流は地表面に沿って南下し，小笠原気団と接して前線をつくり，いわゆる梅雨前線の一部となる。南下した気流は，東北地方の太平洋沿岸域においては低温多湿の風となり，「ヤマセ」といわれる冷害をもたらす局地風として恐れられている。

(4) さわやかな晴天の揚子江気団

夏季に，中国大陸で形成される大陸性熱帯気団である。強い日射で地面が暖められるため，地表面温度が高くなり大気が不安定になる。海洋性の気団と違い水蒸気の供給がないため雲ができない。この気団におおわれると晴れて天気がいい。日本には春と秋に移動してきて，さわやかな晴天をもたらす。

(5) インドモンスーン

ユーラシア大陸の南側は，平均高度 6,000m のヒマラヤ山脈が東西に横たわっていて，大きな壁をつくっている。その南にインド亜大陸があって，インド洋に接している。この地理上の特徴を背景にして，ユーラシア大陸とインド洋の間に，世界で最も大きな季節風 (モンスーン) 循環が生じる。とくに，5月から9月までの夏季には，水温の高い西部インド洋から高温多湿の大気がヒマラヤ山塊に流入する。そして高い壁のため対流活動が非常に活発になって，多量の雨を降らすとともに，大気大循環にも影響を与える。この南西の強い季節風を，インドモンスーンという。インドモンスーンは，東アフリカ沖合の海域から赤道を越えて 3,000km にも及ぶ大気の流れとなり，インドの雨期をもたらし，また季節的なソマリー海流を生み出す (図 1.9 および図 2.16)。

冬季は，大陸からの季節風がインド洋へ吹き出す。南アジアの季節風循環は，大規模であり，グローバルスケールの気候変動に寄与していると考えられる。

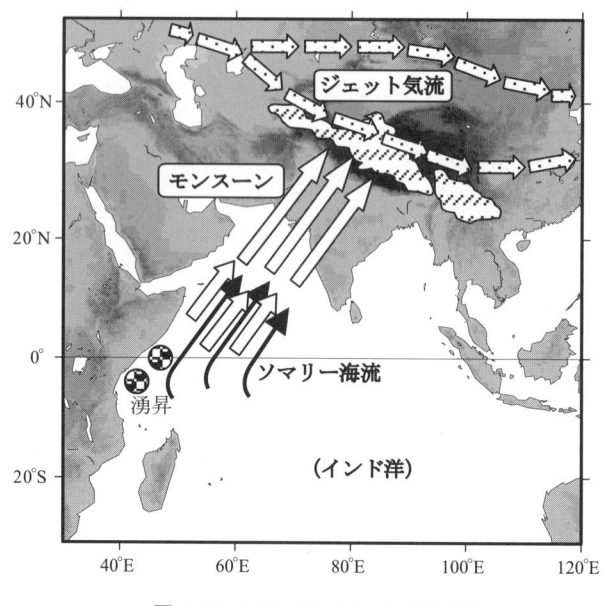

図 2.16　インドモンスーンの模式図

2.4.2　天気図に見る高気圧と低気圧

図 2.17 に，夏季の天気図の例を示す。天気図は，地上での気圧の等値線を描くとともに，前線や観測点の風向風速，天気などを記入したものである。図で見られるように，閉じた等圧線に囲まれている，周辺より気圧の高い領域が高気圧であり，逆に周辺より気圧の低い領域が低気圧である。高気圧と低気圧の中心は，風の発散あるいは収束する特異点である。天気図で見られる程度の空間スケールをもつ気象の変化を，総観規模 (シノプティックスケール) の気象現象といい，天気予報において主に解説される。

強い高気圧は，定常的な気流をもつ大気大循環によって形成される場合，あるいは大陸や海洋上に気団を生成するのと同じくして出現する。高気圧の中心部は，下降気流の領域になっていて晴天になる。図 2.17 の天気図には，発達した大きな太平洋高気圧があり，その西の部分は鯨の尻尾のようになって日本列島をおおっている。これは，盛夏のときの典型的な高気圧の配置である。一方，冬季にシベリア大陸バイカル湖周辺で形成される高気圧には，1,080hPa を超える発達したものもある。

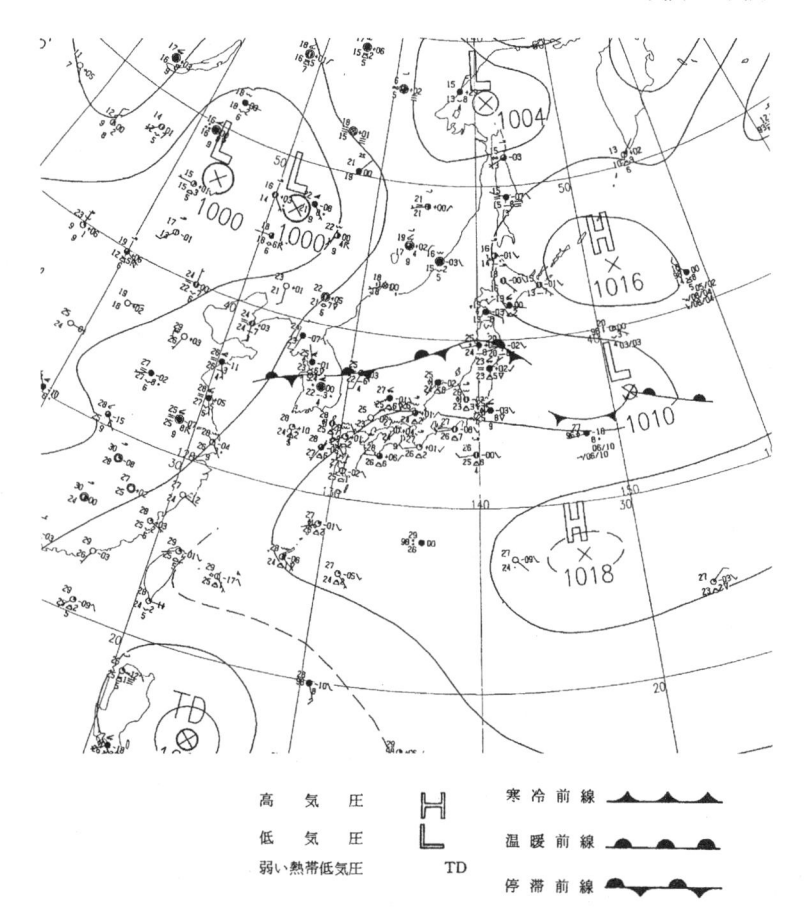

図 **2.17** 日本付近の天気図 (1998 年 8 月 2 日；気象庁)。地上天気図で低緯度に台風がある 8 月，夏季の典型的なもので，東北地方北部に前線が停滞しているが，広く太平洋高気圧におおわれている。台湾付近に熱帯低気圧がある。

2.4.3 急激な気象変化と前線

異なった性質の空気塊がぶつかりあうと，その境界に前線が生じる。とくに気温や湿度が大きく異なる気団がぶつかると，天気図で見られるような前線が形成される。実際にはシノプティックスケールの前線は，おおよそ 10km から 100km の幅をもつ。

図 2.18(a) に，寒冷前線の構造を模式的に示す。寒冷前線は，冷たい空気塊

(a) 寒冷前線

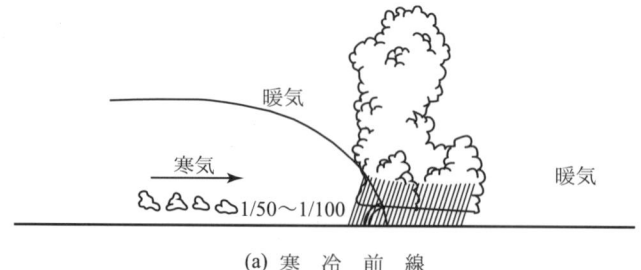

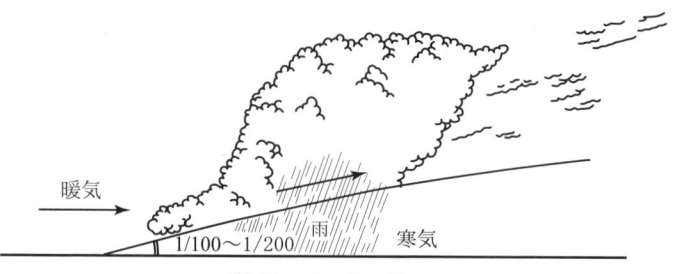

(b) 温暖前線

図 2.18　(a) 寒冷前線と (b) 温暖前線

が暖かい空気塊を押して移動する．冷たい空気塊は暖かい空気塊よりも重いので，暖気の下へ潜るようにして進む．そのため，暖かい空気塊が強制的に上昇させられ対流が生じ，雲が発生する．その結果，寒冷前線付近には強い雨が降り，突風も起きる．寒冷前線の通過とともに，強い嵐 (シビアストーム) がしばしば発生する．

図 2.18(b) に，温暖前線の構造を模式的に示す．寒冷前線とは対照的に，暖かい空気塊が冷たい空気塊を押して移動する．暖かい空気塊は相対的に軽いので，寒気の上に乗るような形で押していく．その際，暖かい空気塊は寒気の上をはいながら上昇し，雲を発生させる．そのため，温暖前線付近ではしとしとと雨が降る．

夏季の初め頃，北太平洋高気圧とオホーツク海高気圧との間に停滞前線が形成される．前線にともなって，北海道と東北地方北部を除くほとんどの日本で雨が降り続き，梅雨とよばれる．しかし，南アジア全域を見ると，この前線すなわち梅雨前線は日本の南岸から中国大陸南部を通り，ヒマラヤ山脈まで伸びて停滞している．したがって，アジア大陸で夏季に生成される大陸

性気団と，高い水温の海面から多量の水蒸気を供給する海洋性気団の間で形成された大きな前線といえよう。梅雨は平均的には6月中旬に始まり，7月下旬に明ける。およそ40日間断続的に降水が続く雨季である。

2.4.4 低気圧の発生と発達

天気図に現れるスケールの低気圧には，温帯低気圧と熱帯低気圧がある。その他海洋上や大陸には，定常的に大きな低気圧が形成されるなど，空間スケールと時間スケールの異なるいろいろな低気圧が存在する。

温帯低気圧は偏西風帯で発生し，温暖前線や寒冷前線などをともなう。また，気圧の谷に前線が形成され，この前線上に低気圧が連続的に発生する場合もある。

図2.19に，温帯低気圧の構造を示す。図で明らかなように，低気圧は中心からの前線で暖気の領域と寒気の領域に分けられ，さらに小さなスケールの擾乱を多く包含する。熱帯低気圧は，水温の高い熱帯の海洋上で発生し発達

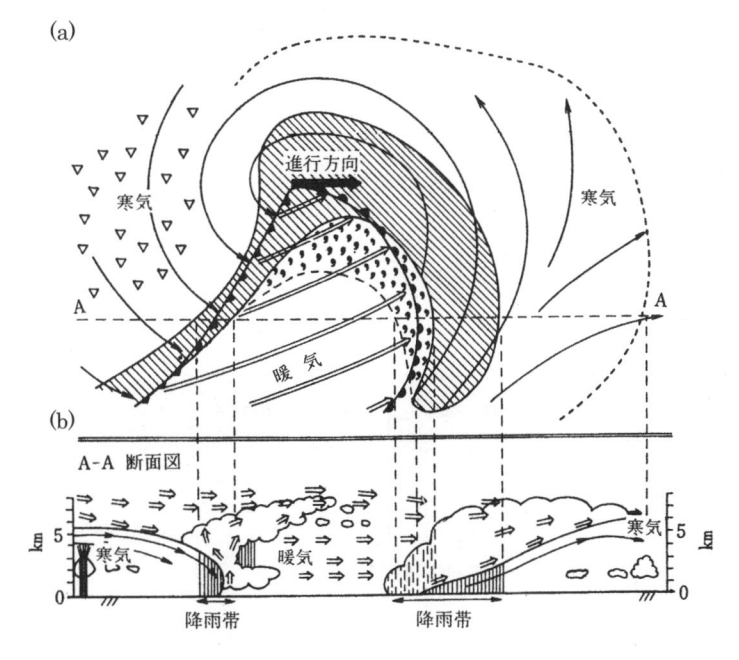

図 **2.19** 温帯低気圧の構造 (Bergeron, 1937)。(a) 平面図，(b) A－A 断面図。▽はしゅう雨，斜線は降雨域，,は霧雨。

する．温帯低気圧の熱輸送やメカニズムが水平的なのに対し，熱帯低気圧は海面からの熱や水蒸気の供給によって発達し鉛直的である．

2.4.5 上空の風

地上の影響を受けない上空(大気境界層の上端)での風は，低気圧や高気圧などの気圧配置，地球の自転によるコリオリの力，気温分布などによって支配される．

代表的な上空風として地衡風と旋衡風を取り上げ，その生成メカニズムを説明する．

(1) 地衡風

天気図上で等圧線が平行して並んで描かれているとき，等圧線群に直交して気圧の高いほうから低いほうへ力がはたらく．この力を気圧傾度力といい，コリオリの力とつりあうと定常的な気流が生じる．この気流を地衡風といって，北半球では図 2.20 で示される方向に吹いている．図からわかるように，気圧の低いほうを左側に見るようにして吹くため，低気圧では，中心の周りを反時計回りに風が吹くことが理解できる．

地衡風は平行する等圧線の気圧傾度(勾配)を与えれば，次の式で求まる．

$$U_\mathrm{g} = -\frac{1}{\rho f}\frac{\partial p}{\partial y} \tag{2.8}$$

$$f = 2\Omega \sin\varphi \tag{2.9}$$

ここで，f はコリオリのパラメーターで，Ω は地球の自転角速度，φ は緯度で

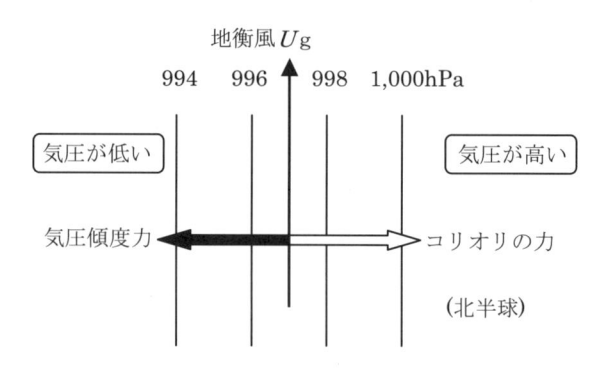

図 2.20 地衡風を生み出す気圧傾度力とコリオリの力のつりあい

ある。また，y は等圧線に垂直な方向をとり，ρ は空気の密度である。

南半球ではコリオリの力が逆にはたらくので，地衡風の方向も反対になる。地衡風は，天気図から容易に求められるので，上空風として与えられることが多い。

(2) 旋衡風

海洋上の台風のように同心円上の等圧線をもつ低気圧の場合，風は気圧傾度力のみによって決まる。同心円に沿って回る気流の遠心力と気圧傾度力がつりあうとき，風速は次の式で与えられる（図 2.21）。

$$U_r = \sqrt{\frac{r}{\rho}\frac{\partial p}{\partial r}} \tag{2.10}$$

ここで，r は同心円の半径である。

コリオリの力が無視できるのは，赤道に近い地域での現象か，中心の気圧がかなり低い強い台風の場合である。また旋衡風は，竜巻の風速分布にも近似的に適用できる。上空風は，コリオリの力，遠心力および気圧傾度力がつりあって生じるのが一般的であり，この風を傾度風という。傾度風において，等圧線の同心円半径を無限大にした場合が，地衡風となる。

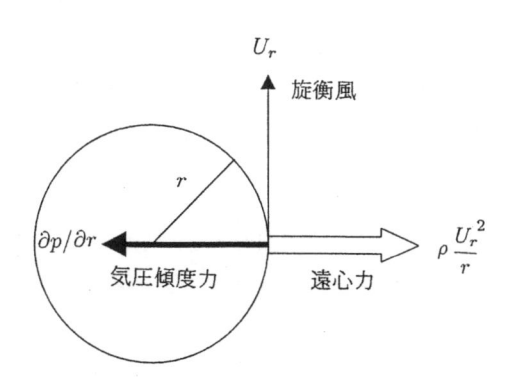

図 2.21 円形の等圧線に吹く風，旋衡風

(3) 上空風を地上風に変換するロスビー数相似則

天気図上で求めた上空風は，我々が経験する地表面の風と比べて風向，風速ともずれる．気象擾乱の性質や大気の安定度，地表面の凹凸，あるいは大きな地形の影響などがあって，上空の風を地上風に正確に置き換えることはかなり困難である．

大気が定常な状態であるとき，大気境界層の風速分布の (2.4) 式で出てきた摩擦速度 u_* と地衡風 U_g が次の一対の関係をもつ．

$$\frac{U_g}{u_*} \sin\alpha = \frac{4}{\kappa} \tag{2.11}$$

$$\tan\alpha = \frac{4}{\ln(u_*/fz_0) - 1.5} \tag{2.12}$$

ここで，α は地上の風向と地衡風向 (等圧線の方向) のなす角度である．この二つの式は多少複雑であるが，(2.4) 式と組み合わせて，地衡風 U_g とコリオリのパラメター f と地表面粗度 z_0 を与えれば，地上の風向と風速が計算できる．なお，上式の中に出てくる u_*/fz_0 をロスビー数という．

地上風と上空風の比較の一例を示す．中緯度の日本 ($f = 0.0001\mathrm{s}^{-1}$) では草地 ($z_0 = 0.05\mathrm{m}$) の平野において，地上 10m の高さで $U = 10\mathrm{m/s}$ の風が吹いているとき，上空では，$U_g = 21\mathrm{m/s}$ の風が吹き，地上より風向が $\alpha = 21°$ 時計回りに偏っている．

2.5　メソスケールの気象擾乱

天気図には現れないような小さいスケールの大気の変動が，我々の日常の生活に大きな影響を与えている．時間とともに変わる身近な気象擾乱は，水平の広がりが 200km から 2km くらいまでのメソスケールとよばれる大きさをもっていて，時々激しい嵐をもたらす．メソスケールの擾乱は独立性の高いまとまった現象もあるが，多くはシノプティックスケールの擾乱を「親」として形成される．集中豪雨や冬季の日本海沿岸域の豪雪のように降水系の擾乱が多いが，突風などのように強風だけで降水をともなわない (乾いた) ものもある．夏の入道雲 (発達した積乱雲) による雷雨，竜巻，ダウンバーストも天気図には現れないが，小さいけれども強い気象擾乱である．

海陸風は，熱容量が大きく水温の変化がほとんどない海と，熱容量が少なく地表面温度の変化が大きい陸地との間に生じる1日周期の気流の循環である．海陸風の循環が止まる朝と夕方の状態を凪という．蒸し暑い日本の夏では，夕凪はかなり厳しい不快な環境となる．

2.5.1 強い気象擾乱とシビアストーム

降水をともなう強い気象擾乱はレーダで観測される．レーダ画像は，擾乱の全体的な姿を我々に見せてくれるとともに，擾乱のメカニズムを明らかにする．連続観測によって得られるレーダエコーの変化は，強い降水域の時々刻々の変動をよくとらえ，短時間の天気予報に用いられる．図2.22は，梅雨前線にともなう強い雨域を示すレーダ画像である．画像を横断するシノプティックスケールの前線にともなった集中豪雨が，レーダエコーの強い分布域で生じている．

強いメソスケールの擾乱による嵐(シビアストーム)は，我々に大きな災害をもたらす場合が多い．2.2.4項で示した最大1時間降水量の記録は，1982年7月の梅雨末期の集中豪雨(長崎豪雨と名づけられた)によるもので，死者・行方不明者は300人を超えた．冬季の日本海に筋状の雲(積雲)がきれいな縞模様をなすとき，日本海側に多くの積雪を観測する．38豪雪は，1963年(昭和38年)の1月に北陸から山陰地方を深い雪で埋め尽くし，日常生活を麻痺させ経済活動を破壊した．

2.5.2 竜巻とダウンバースト

激しい雨をともなう積乱雲から漏斗状の雲が地表面に達して，塵や水滴，時には人間をも巻き上げる渦を竜巻といい，その破壊力はスケールの小さい大気現象の中で抜きんでて強い(図2.23)．竜巻は低気圧の性質をもって回転している渦で，発達した積乱雲から複数発生することが多く，直径は100mから1kmくらいである．竜巻の構造はあまりわかっていないし，観測網に直接かかることがほとんどない．そのため，倒壊した家屋や樹木から推定すると，最大風速は100m/s以上という例(1969年，豊橋)がある．アメリカ合衆国の中南部で発生する大型の竜巻をとくにトルネードとよび，その被害は気象災害で最も大きいものの一つである．

竜巻が激しい上昇気流であるのに対して，ダウンバーストは同じような気

46 第2章 大気の現象

1998年5月30日 1430 JST

125°E 1998年5月30日 1430 JST 130°E

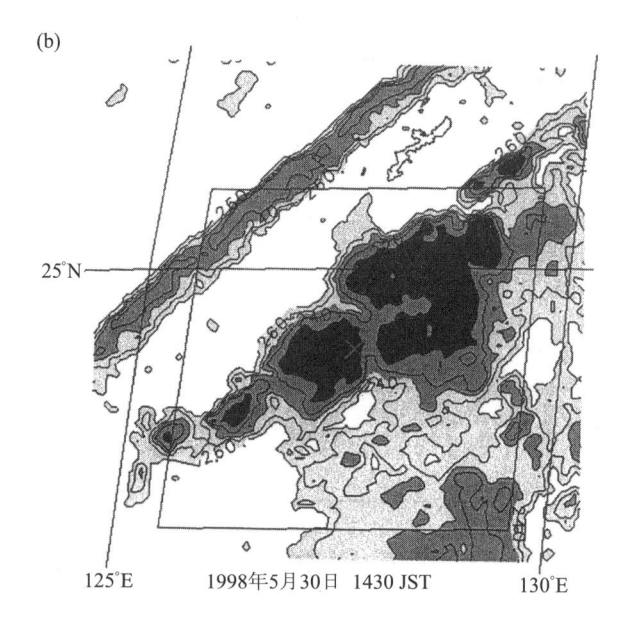

図 2.22 (a) 梅雨前線にともなう雲 (ひまわり画像)，(b) 梅雨前線にともなう強い雨域 ((a) の円内) のレーダエコー。1998 年 5 月 30 日南西諸島 (沖縄) 周辺海域。

図 2.23 北海道千歳で発生した竜巻 (Kobayashi ら, 1996)

象条件下で発生する激しい下降気流である。強い下降気流が地面に達し，たたきつけられた空気塊が周囲に発散していく。竜巻とほぼ同じ水平スケールであり，突風であるため，倒壊した建物や樹木からは竜巻との区別が難しい場合がある。飛行場で離着陸する航空機がダウンバーストに会うと急激な風向風速の変化によって，操縦が不可能となるため大事故につながる。

　竜巻とダウンバーストが同じシビアストームで発生することがある。1990年8月にシカゴ近くのプレーンフィールドで発生したシビアストームは，強いメソサイクロン(小低気圧)の通過によるもので多くの死傷者を出した。図 2.24 で見られるように，長さ35km，最大幅19kmの被害域を示すダウンバースト

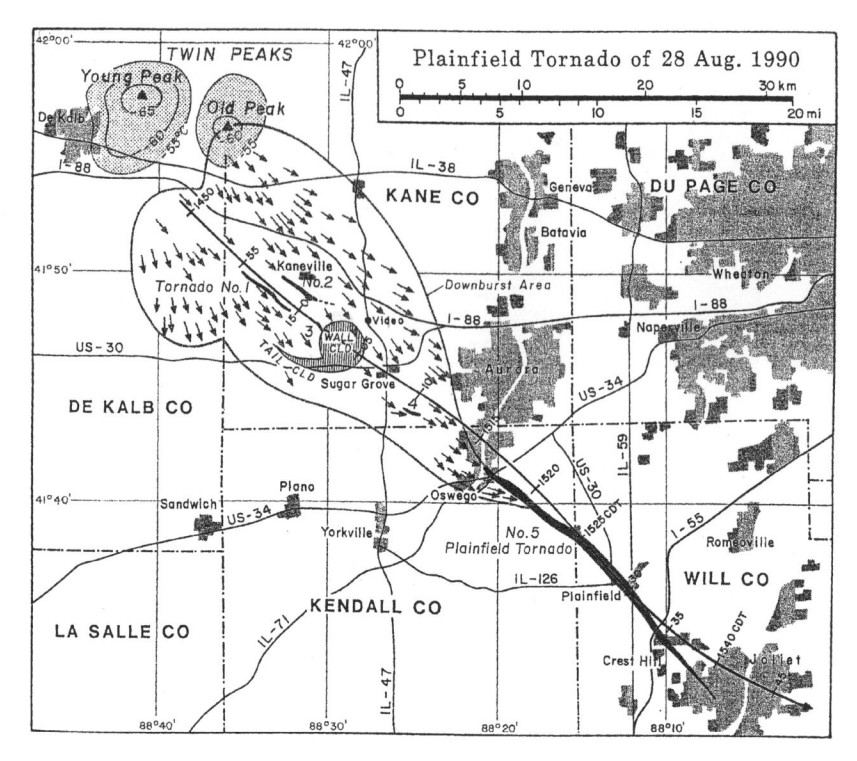

図 2.24 メソ低気圧によるプレーンフィールドトルネード被害地図。1990 年 8 月 28 日 (アメリカ合衆国シカゴ), 左上方のハート形の部分がダウンバーストによる被害地域。その地域から伸びる太い黒線がトルネードの軌跡 (Fujita, 1993)

に続いて, 巨大なトルネード (プレーンフィールドトルネード) が出現している。5 個の竜巻が発生したが, 最も大きいプレーンフィールドトルネードの最大風速は, およそ 100m/s に達したと推定されている。

2.6 台　風

　熱帯低気圧が発達して最大風速が 17.2m/s を超えると, 台風とよばれる。世界各地に強い熱帯低気圧の呼び名があり, インド洋ではサイクロン, 大西洋・太平洋東部ではハリケーンと名づけられている。国際的には, 最大風速 32.7m/s 以上になると, タイフーン, サイクロン, ハリケーンとよばれる。

2.6.1 台風のメカニズム

　熱帯低気圧のほとんどは，大気大循環において熱帯収束帯といわれる低緯度海域で発生する (図 2.12)。水温の高いこの海域では，蒸発が盛んで積乱雲群が東西に連なる。これらにともなう渦の一つが熱帯低気圧，さらに台風へと発達する。積乱雲の生成によって放出された大量の潜熱が，低気圧のエネルギーとなる。

　台風の構造は，まだ十分には解明されていない。図 2.25 に，1999 年 9 月に鹿児島県甑島列島を通過した台風 9918 号の画像を示す。九州上陸前の最盛期の台風である。発達した台風は，中心に下降気流をもつため雲がなく，眼とよばれる領域がある。眼の縁の壁雲近傍が最も風が強い。図 2.26 は，甑島での気圧と風向風速の推移を示す。観測点は高度約 450 m の位置なので，海面での中心気圧は 925hPa となる。日本へ接近した台風のうちで最も強い風が吹いたのは第 2 宮古島台風 (6618 号；台風の番号は，上 2 桁が西暦の下 2 桁で，下 2 桁がその年の発生順) で，宮古島上陸時に最大瞬間風速 85.3m/s を

図 2.25　甑島 (九州西方) を通過時の台風 T9918 の可視画像。気象衛星ひまわり 5 号 (GMS-5) による 1999 年 9 月 24 日の画像。

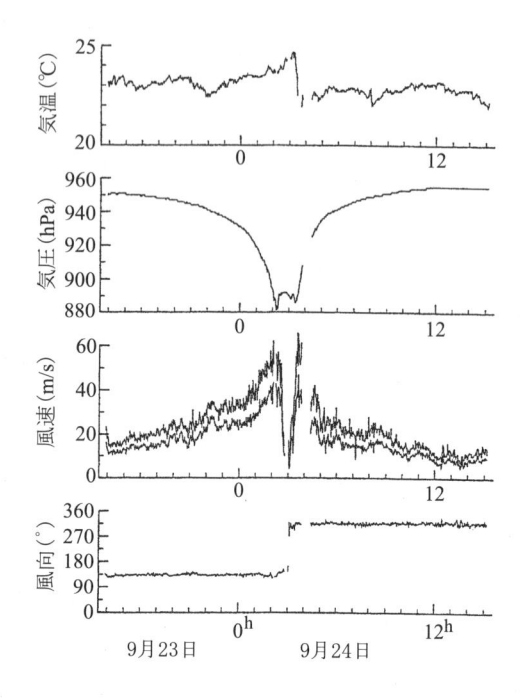

図 2.26 甑島で観測された気温,気圧,風速(瞬間値と10分平均値)および風向の時間変化 (1999年9月23～24日)

記録している。中心気圧は,ハリケーンギルバート(1998年9月)がカリブ海で記録した888hPaが最も低い観測値であり,下限は880hPaくらいと考えられる。

　台風は日本列島に接近した後,温帯低気圧に変質する場合が多い。しかし,温帯低気圧に変わっても,その勢力は必ずしも衰えない。

2.6.2 台風災害

　我が国における気象災害のうち最も大きいものは,台風あるいは台風に刺激された前線活動などによって発生する。一方,台風は高緯度地域に,大量の熱エネルギーと雨をもたらし,地球の熱平衡に寄与するとともに,寒冷地に耕作を促進する役目もする。

　主な被害台風の経路を図 2.27に示す。1959年9月26日,強い大型台風である伊勢湾台風が名古屋とその周辺の沿岸域を襲い,大規模な高潮を引き起

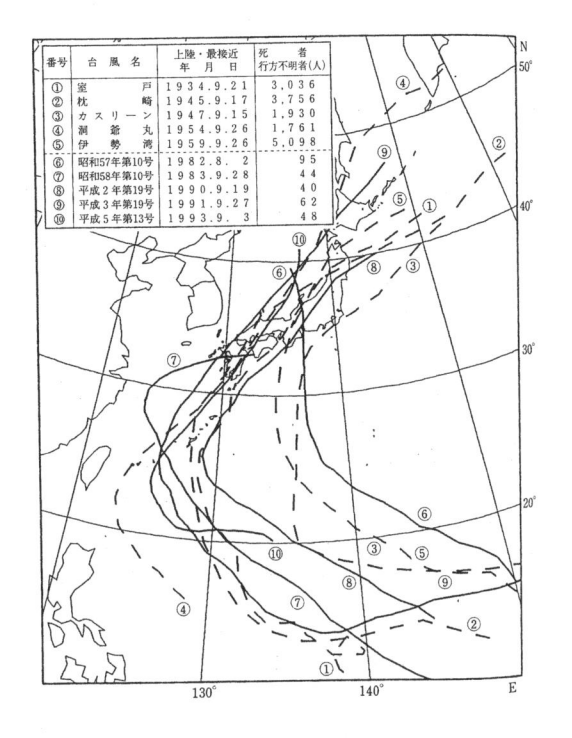

図 2.27　主な被害台風の経路 (理科年表)

こして死者 5,098 人にのぼる最悪の災害をもたらした。この台風は，これまでの防災対策の予想を超えるものであった。

また，1954 年 9 月の洞爺丸台風は，九州から北海道まで衰えることなく猛スピードで駆け抜け，青函連絡船洞爺丸などを沈没させた。この台風とほとんど同じコースをとって駆け抜けた台風 9119 号は，家屋などの倒壊に山林や農作物の被害を併せると 5000 億円を超える経済的損失をもたらした。

2.7　地球環境の変化

地球の気候は顕生代 (今から約 6 億年前までの期間) になってからもかなりの変化をしている。気候変動は生物の環境を大きく変化させる。人類にとってよい環境とは何かを決めるのは難しい。しかし少なくとも，人間が便利な生活をおくるために排出した有害物質による自然環境の破壊は，生活を危険

にさらし，次世代への不安を生む形で跳ね返ってくる。また，急激な気温上昇などは，人類の身近な生活だけでなく，地球環境の激変をも予測させる。

2.7.1 大気汚染

石炭が工業や日常生活の主なエネルギー源であった時代は，煤煙や浮遊塵あるいは高濃度の硫黄酸化物が主な大気汚染物質であった。歴史的には，ロンドンの霧は，石炭の燃焼によってもたらされる公害の典型的なものであった。

ロンドンは局地気象の観点から霧が発生しやすいところだが，1952年12月の濃霧では，推定4,000人もの死者が出たといわれている。先進国ではこの種の大気汚染はほとんどなくなった。しかし，発展途上国の工業化においては，製造コストが上がるため排気ガス防止への取り組みをせず，過去の先進国と同じような歴史をたどる危険性をもっている。

社会のエネルギー源の主力が石炭から石油に変わって久しいが，工業化社会の発展とともにエネルギー使用量は急速な増加を見せていて，鈍化の兆しはない。化石燃料の消費にともなう二酸化炭素 (CO_2) や窒素酸化物 (NO_x)，硫黄酸化物 (SO_x) の排出は，容易に解決できない課題を我々に与えている。

1ヶ所の汚染源としては，顕著なものはなくなったが，自動車が社会における輸送の主力となり，縦横に道路網が整備された。その結果，排気ガスによる健康被害が大きな問題となっていて，その代表例は沿道住民の喘息である。

2.7.2 酸性雨による森林の枯死

大気大循環によって，地球の空気はゆっくりと西から東へと移動する。これに乗ってエーロゾルなどの大気物質は，ローカルスケールからグローバルスケールの広がりをもって輸送される。早春に中国大陸から日本へ飛来する黄砂は，春霞と見まがう。

大きな工業地帯を西側にもつ地域では，酸性雨の被害が深刻である。大気中には表2.2で示されるように，およそ0.03％の二酸化炭素が含まれるため，雨や雪などに溶け込むと弱い酸性の降水 (炭酸水) となって植物や地表を濡らす。しかしこの程度の酸性の雨は，自然状態として環境の一部をなしていた。

ところが化石燃料の消費の際に排出される窒素酸化物と硫黄酸化物は，大気中の雲粒に溶けると強い硝酸と硫酸の雲粒になる。したがって，炭酸によって弱酸性化した雨や霧にさらに硝酸と硫酸が加わることによって，かなり強

い酸性の雨や霧が生成される。酸性の程度が自然状態の弱い酸性の雨よりも強い場合 (酸性の程度を示す指数：pH < 5.6) を，酸性雨とよんでいる。

　酸性雨による地球環境の破壊はグローバルスケールに拡大し，森林だけでなく湖沼や土壌にも及んでいる。とくに緯度の高い地方である北ヨーロッパや北アメリカ，カナダなどで深刻な被害が出ている。ドイツでは，森林の被害面積が 1984 年には 50%を超え，年々増えつつある。日本は雨量が多いため強い酸性雨が出現しにくく，北ヨーロッパのように深刻な問題としてとらえられていない。しかし，主要道路周辺では，銅像の雨垂れ状の錆や銅板葺き屋根には酸性雨の影響が顕著に見られる。

2.7.3　オゾンホール

　オゾン (O_3) の鉛直分布は，図 2.2 で見られるように，地上約 10km から 50km の範囲 (成層圏) に豊富に存在し，25km 付近で最大となる。このオゾン層によって太陽からの紫外線が地上に届くのを著しく減少させて，我々の生命を守っている。ところが 1982 年，南極で成層圏においてオゾン量が異常に少ない現象を観測し，翌年穴があいたように薄くなる現象，オゾンホールが確認された (図 2.28)。その後このオゾンホールは毎年春季に発現し，規模が大きくなり南極大陸の面積を超え長期間続くようになった。北極域においてもオゾンホールが発見され，北欧では大きな環境問題となっている。

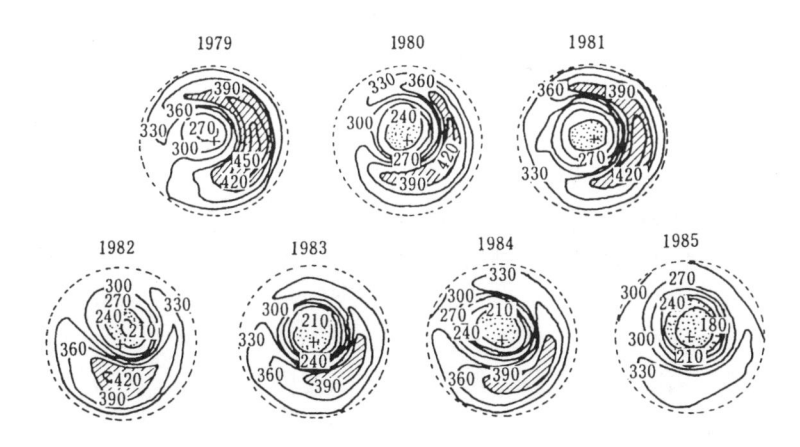

図 2.28　南極のオゾンホールの経年変化。10 月の平均値で，単位は 10^{-3}atm·cm。円の中心は南極点，右半分は東経，左半分は西経 (気象庁の資料による)

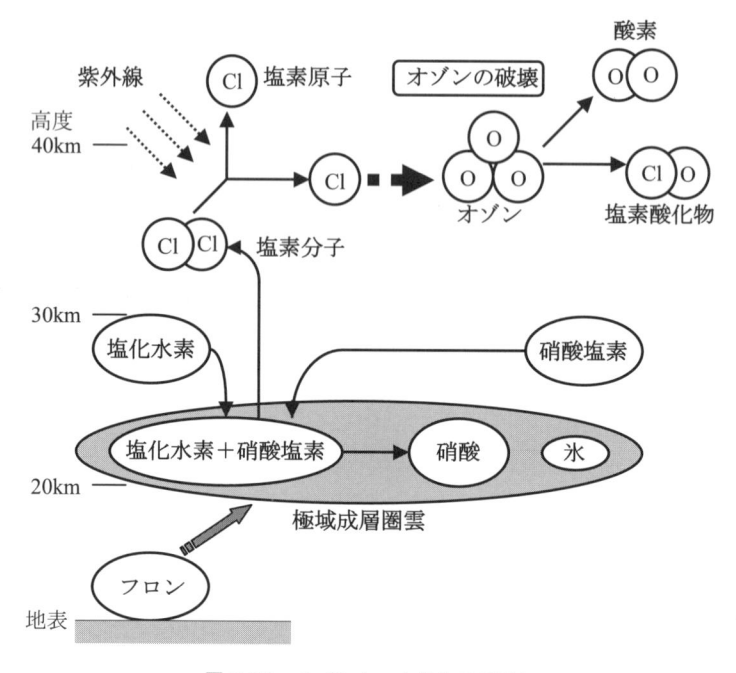

図 2.29 オゾンホール発生のモデル

　オゾン層破壊物質として，クロロフルオロカーボン (フロン) に起因する塩素などが指摘されている。このガスは冷媒，発泡剤などに使われ非常に安定した化学物質である。今日ではフロンの代替物質が使われるようになったが，この代替物質も安全とは言い切れない。オゾン層保護のための国際的な条約が締結されているが，すぐには回復することはない。オゾンホール発生のメカニズムは，安定な物質であるクロロフルオロカーボンが対流圏では分解されないで成層圏に拡散されることから始まる。図 2.29 で示すように，高度 30km より上層になると，太陽放射に含まれる紫外線が作用してこの物質から塩素原子を遊離する。遊離した塩素は，高度 40km 付近の上部成層圏ではオゾンを破壊するが，それよりも低い大気層では，通常オゾンの破壊に直接関与しない塩化水素や硝酸塩素の形で存在している。オゾンホールは，これら塩化化合物が極域成層圏雲 (南極や北極の成層圏で冬季に生成される特殊な雲) の表面において化学反応で活性化することによって生じると考えられている。オゾンホールが南極や北極で春季に発生するのは，極域成層圏雲が

介在するためである。

2.7.4 都市気候

おおよそ10kmほどの広がりをもつ地域に人口が集中している都市域は，自然な陸域とは異なった気候が出現する。この都市気候は，ヒートアイランドということばで表されるように，周辺地域よりも気温が高いことが最も特徴的な都市固有の気候である。

図2.30に，東京における冬の最低気温変化を，120年間にわたって示す。都市の温暖化は冬に顕著に現れ，夏は周辺地域との差異はあまり見出せない。1950年頃より上昇し始めた最低気温は，1995年頃には約4.0°Cにもなり，都心で氷が張るのがニュースになるほどの温暖化ぶりである。都市気候のその他の特徴は，風が弱く独特の風向をもつこと，湿度が減少すること，特異な降雨があることなどがあげられる。このような現象の発生要因は，都市域が舗装され建造物でおおわれるため，地表面での水収支が周辺と同じように行われないこと，都市域全体のアルベドの変化，大気汚染物質の排出，大量の人工熱の排出などがあげられる。都市気候は，都市の規模や内陸・海岸域などの地形効果が大きくモデル化が困難である。

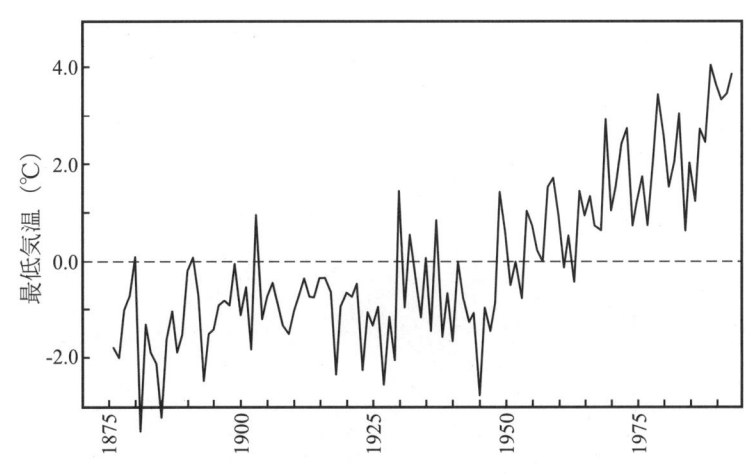

図 2.30 東京の冬季における最低気温の経年変化。1950年頃から上昇し始めた (気象庁のデータによる)

2.7.5 地球温暖化

　地球を取り巻く二酸化炭素や水蒸気によって，地表面が温室の中に入っているような状態であることは，1.3節で述べた．産業革命以降，人間活動が活発となって化石燃料を使うようになってから，大気中の二酸化炭素濃度は増大し，地球の温室効果にさらに大きく寄与するようになった．図 2.31 に，ハワイのマウナロア山と南極点および岩手県綾里で観測されている大気中の二酸化炭素濃度の経年変化を示す．産業革命以前は 280ppm くらいであった二酸化炭素濃度は，図からわかるように単調に増加し，ハワイでは 360ppm を超える状態にある．なお，図中の曲線の周期的な変動は，主に植物の光合成による季節変化である．

　図 2.32 に，1861 年からの全地球の平均気温の変化を示す．1961 年から 1990 年までの平均値に対する偏差で表している．地球の気温は人為的な要因に関係なく寒暖の変化を繰り返しているが，前世紀半ば頃から気候が温暖化しているといえよう．数十年程度の短い時間スケールの気温変動の原因は，主に自然要因によるものと推定され，この 100 年間に気温は平均 0.5°C/年の割合で上昇している．

　人為的要因による温室効果の強化は，二酸化炭素，メタン，フロンなどの

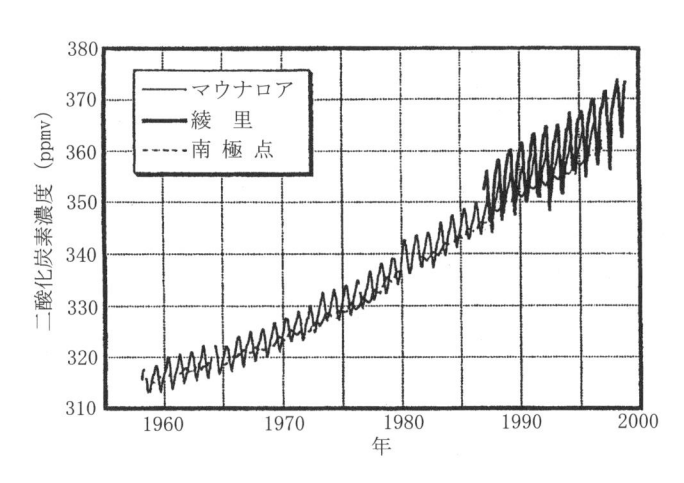

図 2.31　マウナロア (ハワイ)，綾里 (岩手県) および南極点の二酸化炭素の経年変化 (気象庁のデータによる)

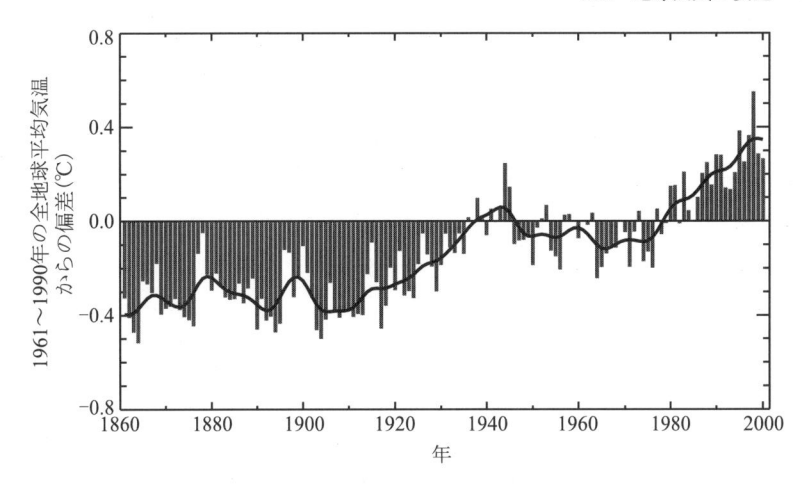

図 2.32 1860 年以降における全地球平均気温 (1961〜1990 年) からの偏差の経年変化 (IPCC)

排ガスによる．この中で二酸化炭素の寄与率はおよそ 3 分の 2 であって最も大きいが，他のガスの寄与もかなり大きいことを認識すべきであろう．温暖化は，南極と北極の氷床の融解，水温の上昇による熱膨張などによって海面水位の上昇が生じると予想されている．また，洪水などの被害をもたらす，激しい気象変化を引き起こすことも懸念されている．短い期間での温暖化による地球環境の激変は，生物が対応できなくなるとともに人類の生活環境も対応できなくなる．

人為的な気候変動を抑止するために，二酸化炭素などの温室効果ガスの排出シナリオと対策が IPCC(気候変動に関する政府間パネル) などで提案されている．しかし，いろいろな発展途上レベルにある国々が，排出抑制と経済発展との間で対策コストを考慮するとき，温暖化防止などの実現は容易ではない．

2.8 地球大気の変遷

現在の大気現象と地球環境を一層理解するためには，地質時代をさかのぼって地球大気の変遷を見ることが大切であろう．地表での大気は，表 2.2 で示される乾燥空気とおよそ 4%以内（局所的である）の水蒸気が混合している．

このうち気候を支配している二酸化炭素と酸素の歴史を追ってみる。水蒸気の気候への影響は結果として現れ，変動の原因ではない。窒素の気候への寄与は，地球の全時代を通じて少なかった。

2.8.1 二酸化炭素と地球の気候変動

地質時代における大気中への二酸化炭素の供給は，火山活動にともなう地球内部マントルからの脱ガスによる。一方，大陸上に堆積している炭酸塩の岩石の形成速度は，大気中の二酸化炭素の消費量に等しいと考えられる。すなわち，炭酸塩は大気中の二酸化炭素濃度の大きさを推定するデータを与えてくれる。また，火山活動の大きさは，火山岩の形成速度となって現れるので，地球内部マントルからの脱ガスによる二酸化炭素の大気中への供給は，火山活動の程度に依存する。

図 2.33 は，平均的な二酸化炭素の変化を示す。地球創世紀には地球深部からのガスの供給によって，二酸化炭素は現在の濃度の約 100 倍 (大気中の約 5%) 存在していた。約 40 億年から 15 億年前の間に急激に減少し，10 倍程度までになり，およそ 15 億年前より緩やかに減少するようになった。原始大気における急激な減少は，海中の生物が二酸化炭素を取り入れて殻をつくり，石灰岩 ($CaCO_3$) を生成したからである。顕生代における二酸化炭素の変動は，図 2.34 でわかるように，オルドビス紀，前期石炭紀と白亜紀に大きなピークをもつ濃度分布を示している。これらのピークは，火山活動が激しかったため地球内部からの二酸化炭素の供給が多かったことによる。二酸化炭素は温室効果ガスであるから，地球気温の変化は，二酸化炭素の変化とおおよそ対応するといえる。カンブリア紀と新生代の急速な低温下を除いて，現在より

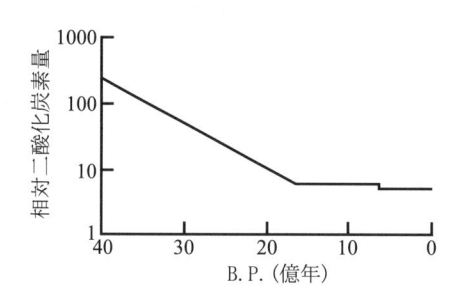

図 2.33　二酸化炭素の相対量の変化 (ブディコら，1992)

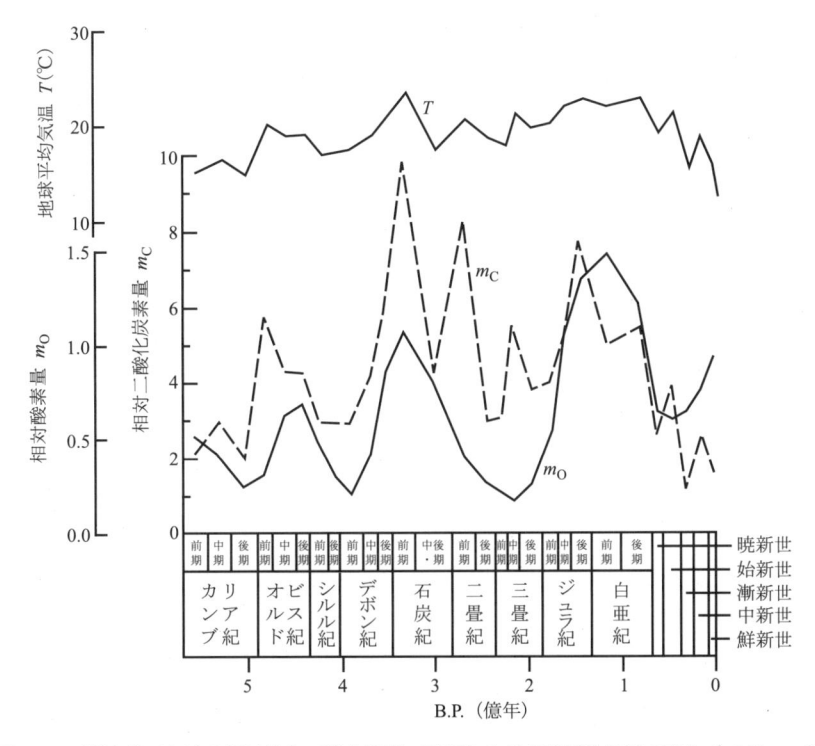

図 2.34 顕生代における相対的な二酸化炭素, 酸素および地球平均気温の変化 (ブディコら, 1992)

も二酸化炭素濃度がはるかに大きかった顕生代における地球の平均気温は, 5〜11°C 高く, 20〜26°C(最高は前期石炭紀) であった。

2.8.2 酸素と生物

およそ 19 億年前までは, 大気は無酸素状態であり, 水蒸気と二酸化炭素を主に, 一酸化炭素, アンモニア, メタンなどが少量含まれていた。水蒸気の光解離やわずかな光合成によってつくられた酸素は, 不完全酸化ガスと岩石に完全に吸収されていたと思われる。顕生代における酸素の変化を, 図 2.34 に二酸化炭素の変化とともに示す。大気中の酸素は大きな波動を描きながら, 平均的には増加してきた。大きなピークは, 二酸化炭素濃度のピークと一致し, 二酸化炭素濃度が高かったジュラ紀から白亜紀 (1 億 8000 万年〜6500 万年前) に最大のピークを迎えているのがわかる。その後, 大きな谷を経て新

生代から現代まで，また増加の傾向をたどっている。

　地球深部からの脱ガス，すなわち火山活動が低下するにしたがって大気中の酸素が増え始めた。酸素の変動のパターンが二酸化炭素の変動のパターンに似ているのは，その間に作業する機関が存在することである．生物である．現在も同じであるが，大気中の酸素のほとんどは，無機物を栄養とする植物の光合成によって生産されている。

　新生代(約6500万年前より現在まで)の気温低下傾向は，火山活動が小さく二酸化炭素の供給が少ないのに植物の光合成が盛んで大気中の酸素の増大と二酸化炭素の減少が生じ，温室効果が弱くなったためと考えられる。

参考文献

浅井冨雄，武田喬男，木村龍治：雲や降水を伴う大気，東京大学出版会，1981．
Bergeron, T.：Bull. Amer. Meteor. Sci., 18, 265-275, 1937.
ブディコ，ロノフ，ヤンシン（内嶋善兵衛訳）：地球大気の歴史，朝倉書店，1992．
Crichfield, H. J.：General Climatology, Prentice-Hall Inc., 1966.
Fujita, T. T.：The Tornado: Its Structure, Dynamics, Prediction, and Hazards, C. Church et al. (ed), AGU Geophysical Monograph 79, p9, 1993, copyright by AGU.
Kobayashi F., Kikuchi K. and Uyeda H.：J. Meteor. Soc. Japan, 74, 125–140, 1996.
国立天文台編：理科年表，丸善，2000．
近藤純正：大気境界層の科学，東京堂出版，1982．
NOAA(アメリカ合衆国海洋大気庁)のホームページ：http://www.ncdc.noaa.gov/
関岡 満：気象学，東京教学社，1988．
Vonder Haar, T.H. and Suomi, V.：J. Atmos. Sci., 28, 305–314, 1971.
和達清夫監修：気象の事典，東京堂出版，1995．
安田延壽：基礎大気科学，朝倉書店，1994．

第3章

海洋のはたらき

　海はどのようにして誕生したか。太古の地球を直接知る手がかりは少ない。しかし，火星や木星など地球以外の惑星の観測が行われ，多くの新しい事実が発見されるとともに地球の創世紀の姿が浮かび上がってくる。太陽系のほとんどの惑星，衛星に水(固体)が存在する。地球に落ちてくる隕石には，ごくわずかな量であるけれども水分子が含まれているものがある。このことより，次のような推測ができる。およそ45億5000万年前に地球が誕生したとき，ぶつかり合った小惑星には水分子が含まれていて，形成しつつある高温の原始地球から水蒸気が噴出し地球を取り巻いた。その後，だんだん地球が冷えていくと，大気中の水蒸気が厚い雲をつくり，雨となって降り続き，ついに初期の海が誕生した。

　我々は大海原というが，地球の半径約6,400kmと比べると海洋の平均の深さ約4kmは非常に小さい。地球の全質量に比べると海の水はわずかである。水は宇宙から運ばれてきて，地球の誕生と同じくして海も誕生した，という説は自然にできあがる。海は誕生した後，地球内部からの脱ガス(火山活動)や彗星の衝突によって水の供給があったと考えられるし，また大気中の水蒸気は今も宇宙へ散逸し続けている。長い間の地殻変動のため，海洋の地球表面を占める場所は変わったが，海は一つである。

　液体の相をした水が表面をおおっているのは，惑星の中で地球だけである。巨大な熱エネルギーを放射する太陽からの距離と，水を地球に引き止める重力が適度な条件をつくって現在の海がある。また，生命は海で発生し，進化

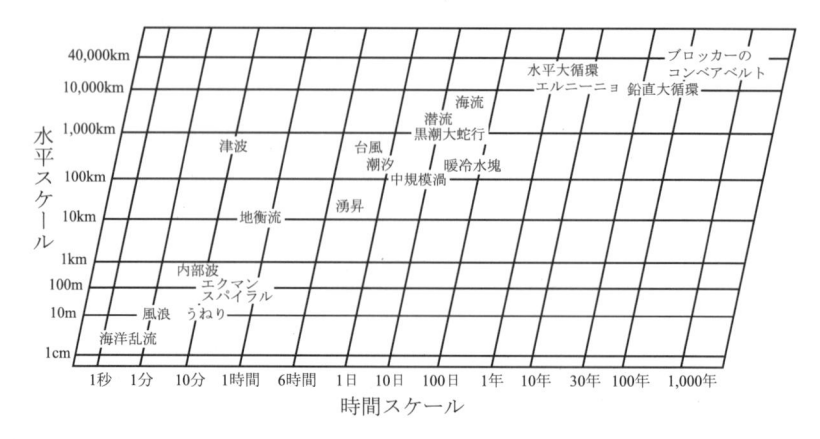

図 **3.1** 海洋のいろいろな現象の時空間スケール

して大きな個体になってから陸に棲むようになった。そして多種多様な植物と動物が海と陸のすべてで生命活動をし，その保護が地球環境を守ることである。生物の最も大きな特徴の一つは，重量比から見るとその大部分が水からなっていることであろう。したがって，地球環境とは，大気と陸域と海洋の間に生物を絡めた水循環が支配する地球の様相をいうもので，その母体は海である。

図 3.1 に，いろいろな海洋現象のおおよその空間的な広がりとその継続時間を対比させて表した。大きなスケールの現象は，長い時間をかけて現れることが多い。水平スケールは，地球の周囲 4 万 km で限られる。

3.1　海洋と海底地形

地表面に占める海面の面積は，約 71%で約 3 億 6100 万 km^2 である。地殻変動や気候変動にともなう水位の上昇あるいは下降のため，その面積はかなり大きく変化してきた。世界の海は大洋と付属海に分けられる。太平洋，大西洋，インド洋が大洋に分類され，それぞれ全体の面積の 46%，23%，20%を占めている。残りの約 10%が付属海となる。南極周辺の海は，太平洋，大西洋，インド洋に分けて入れられ，地中海，日本海などは付属海に分類される。海の平均水深は 3,795m で，外洋の水深は約 4,000m である。水深の分布は海域によって異なるが，最も多いのは 4,000m から 5,000m のところである。

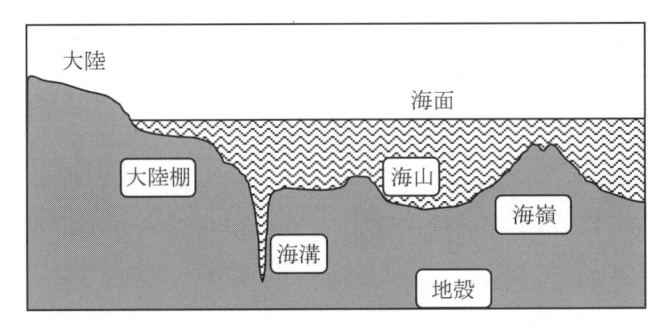

図 **3.2** 模式的な海底地形

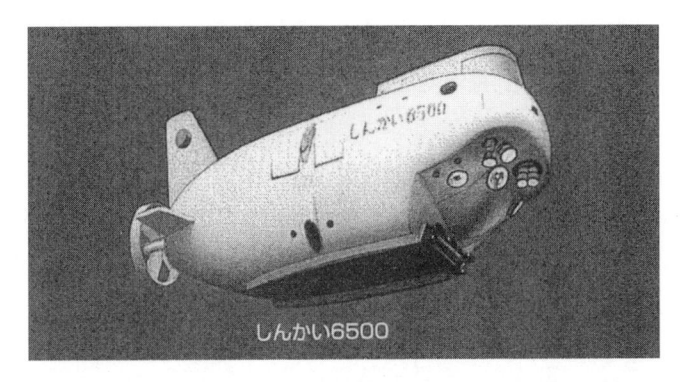

図 **3.3** 水深 6,500m までの深海域を有人潜水調査する「しんかい 6500」(海洋研究開発機構)

　図 3.2 に，海底地形の模式図を示す．大陸棚は陸地の延長であって浅く，海溝は地殻変動による海底の裂け目であり深い．東シナ海などの大陸棚は，陸地から 1,000km を超える広がりをもつ．日本海溝やマリアナ海溝は，1,000km に及ぶ長さをもっていて，最も深いマリアナ海溝の水深は 10,920m もある．これは最も高い山チョモランマの 8,850m とほぼ同じ程度である．したがって，地球の凹凸は上下に同じ程度で，±10km としてよいだろう．海洋の形状は地殻活動によって変化し，100 年から 1,000 年の単位で海洋の現象に影響を与える程度の変位をする．詳細な海底地形図は，第 5 章グローバルテクトニクスで示される．

　海底地形の測量は音波で行われる．最も高い精度の音響測深儀では，6,000m の水深で 200 m の分解能をもつ．音波は，水温分布と塩分分布によって伝播速度と経路が変わるので精度の向上は困難である．狭い海域での水深は，ワ

イヤーロープで測る。また，水平位置の測定(測位)は，ロランCによる電波測位，人工衛星による測位(GPS測位)，星の位置から決める方法(天測)がある。現在では，GPS測位が主流となっているが，外洋ヨットの運行では，天測が基本となる。天測では，熟練した人でも2〜4kmの誤差が生じる。一方，GPS測位では，10mの精度まで得られる。

深海の地形や現象は我々が住む地表と異なり，未知の世界が広がる。海洋研究開発機構が開発した探査船「しんかい6500」は，高水圧に耐え水深6,500mの海底を調査できる有人探査機である(図3.3)。海溝や海底火山などの地殻活動を直接観測するだけでなく，深海特有の生物をも数多く発見している。

3.2 塩分・水温と海水の性質

海洋にはいろいろな物質が溶けている。自然状態では，地球上に89種の元素が存在するが，そのうち62種が海洋の中にある。多くの物質はイオン化しているため，海水から水分を蒸発させると化合物などの形で存在を確認できるが，ほとんどは塩化ナトリウムいわゆる塩である。塩分の含まれる程度は，海洋中で一様でなく，そのため小さいスケールからグローバルスケールまでの運動を誘起する。

水温の変化は，太陽放射を海面が受け取っているため生じる。水温の変化は，塩分濃度の変化と相まって海水の密度変化を生成し，海洋中に対流などの運動を発生させる。

海水は通常圧縮できない流体としてよいが，音波は弾性体と同じように伝わる。その速さは大気中よりかなり速く，1,500m/sである。この値は，水温によっても多少変わる。音波の海中での吸収は弱く，電波が伝わらない海中での通信手段として用いられる。音波探査の代表的なものとしては，魚群探知器，音響測深儀，ソナーがある。

海中には，クロロフィル，プランクトンなどの多くの微生物が生息し，透明度に寄与するとともに，海流や湧昇などによってその分布が大きく変わる。黒潮が他の海流よりも黒く見えるのは，透明度が高いやせた海水であるからである。太陽光が届く深さは，ほとんどの海域でおおよそ50mより浅い。

3.2.1 塩分の分布

海水中の塩分濃度は，溶けているすべての塩類の重量比で表す．一般的には濃度は%で表示するが，海洋学の分野では千分率‰(パーミルとよぶ)で表すことが多い．全海洋の平均塩分濃度は，34.72‰ (= 3.472%) である．また，海洋中の塩類の全重量は，4.8×10^{19}t(トン) である．図 3.4 に，表層の塩分濃度の分布を示す．図からわかるように，亜熱帯・熱帯海域が高い濃度を示していて，極域は低い．海洋から大気への蒸発が盛んなところでは，表層の海水が濃縮され，高い塩分を示すようになる．活発な蒸発には高い水温と強い風が必要となるため，貿易風が常に吹く亜熱帯域 (赤道の南北，緯度 20～30 度) が最も高塩分濃度となる．北太平洋の高緯度域で塩分濃度が比較的低いのは，降雨が多いことによる．

塩類はイオン化しているが，固体物質として多い順にあげると，塩化ナトリウム (NaCl；約 78%)，塩化マグネシウム ($MgCl_2$；約 11%)，硫酸マグネシウム ($MgSO_4$)，硫酸カルシウム ($CaSO_4$)，硫酸カリウム (K_2SO_4)，炭酸カルシウム ($CaCO_3$) などである．塩化ナトリウムと塩化マグネシウムでおよそ 90%を占める．炭酸カルシウムは，容易に二酸化炭素 (CO_2) に変換するため，海洋中での二酸化炭素含有量のバランスに影響を与える．とくに海岸近くの海域では，石灰岩が溶けた水が河川から流れ込むため海底に炭酸カルシウムが堆積する．そのため，海岸域での海水中では，二酸化炭素濃度が高く，海洋から大気中へ放出している．

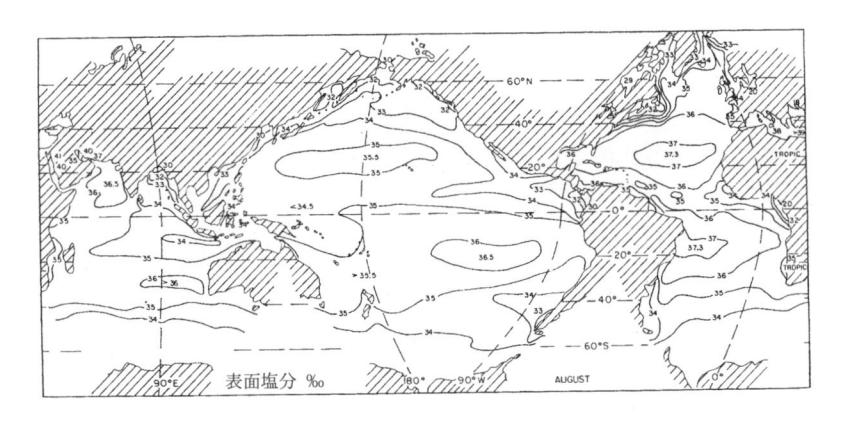

図 3.4　8 月の表面塩分の分布 (Pickard ら, 1986)

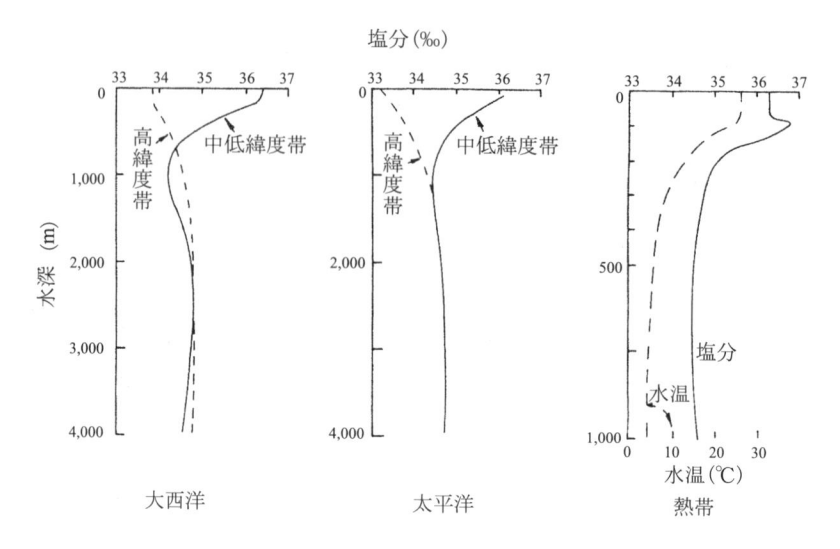

図 3.5 外洋での塩分の鉛直分布。左から大西洋，太平洋，熱帯域における塩分濃度 (Pickard ら, 1986)

海水の分析によって，「世界中のどの海域においても海水が含む塩類の量は，相互に一定の比を保つ」ことが見出された。したがって，溶けているイオンのどれか一つの濃度を決定できれば，他のすべてのイオン濃度がわかるとともに，塩分濃度が決定される。海水に最も多く含まれている塩素イオン (Cl^-；55.05%含有) の濃度を測定して，塩分濃度 S(‰) を与える式を次に示す。

$$S(‰) = 1.80655 Cl^- (‰) \qquad (3.1)$$

塩類がイオン化しているため，塩分の測定には電気伝導度を利用したサリノメーターが広く使われている。

塩分の鉛直分布を，熱帯域，日本などの中緯度域および極域に分けて，図 3.5 に示す。表層 200m くらいまでは水平分布で示された特徴をもつが，中緯度より低い海域では 600～1,000m の層で極小値をとる。この層より深くなって 2,000m を超えると，どの海域でも同じ塩分濃度 34.7‰ に収束する。これは，1,000m を超える深さになると，海中の運動は急に穏やかになり，深海では海域に関係なく一様で静かな海となることを意味している。

3.2.2 水温の分布

世界の水温の水平分布を口絵2に示す。水温は沿岸に近い海域を除けば、ほぼ低緯度から高緯度へと減少する。赤道海域で大気から海洋へ供給された熱が、海洋と大気の間で相互作用をしながら極域へと運ばれることに対応した温度分布といえる。表層の水温は、熱帯域の外洋の西側で大陸に近いところ、太平洋のフィリピン・インドネシア近海などが最も高く約30°Cを示し、南極と北極の氷海では−2°Cとなる。塩分濃度34‰の水の氷点は純水の氷点0°Cより低く、−1.8°Cであるが、現実の海洋で氷が生成されるのはさらに低い水温であり、−2°Cがよく観測される。

海水の氷点 $T_g(°C)$ の実験式を、塩分濃度 $S(‰)$ に対して次に示す。

$$T_g(°C) = -0.055 S(‰) \tag{3.2}$$

水温の鉛直分布を、塩分の鉛直分布と同様に三つの海域に分けて図3.6に示す。中緯度および熱帯海域では水深約500mまでの層の活動が激しく、等温の混合層を形成する。それより深くなると急に低下し、以降緩やかな変化を示す。混合層の下の急激に水温が低下する層を温度躍層(サーモクライン)とい

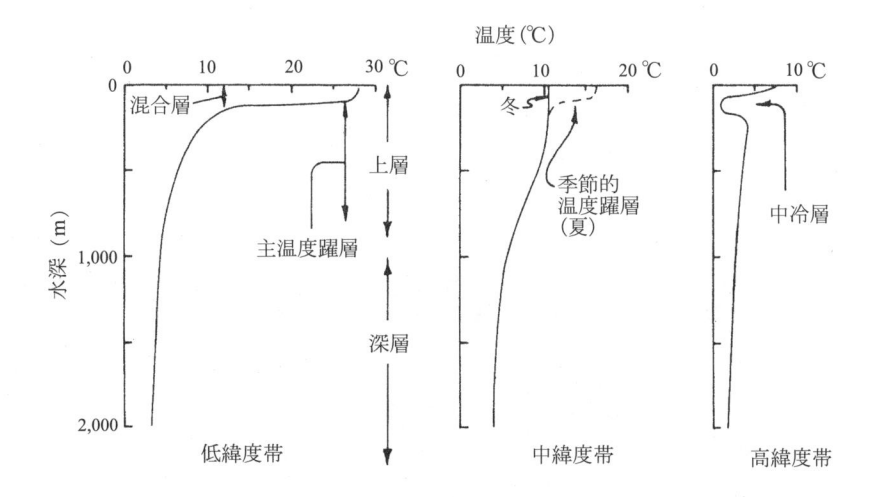

図 3.6 外洋での水温の鉛直分布。左から低緯度、中緯度、高緯度域における水温 (Pickardら, 1986)

い，これに対応して密度の急激な変化も生じる。一般に，密度が急に変化する境界には，何らかの駆動力を与えると波動が発生する。水面の波が最も目につく例であるが，水中のサーモクラインにおいても大きな波が発生し，内部波とよばれる。塩分の鉛直分布で見出された特徴と同じく，水深1,000mを超える深海では3.5°Cの温度に収束していく。したがって，海洋全体の60%を超える部分は，暗くて静かな冷たい海である。

　海面水温の測定は，現在では人工衛星からの赤外線によって短時間に広域的に行われている。人工衛星からの測定が行われる以前は，船舶による点と線の観測でしかなかった。船からの水温観測の基準は，最も容易な方法であるバケツ採水で汲んだ水を棒状温度計で測ることである。これは，水面から約40cmまでの層の水温の平均値としてよい。

　深いところの水温は，電波が届かないので観測船などで測定する。水深50mよりも浅い層の水温は短時間における変化が激しく，また複雑な分布をする。したがって，10日程度よりも長い期間の海洋現象の変化を理解するためには，水深100mで測定された水温が用いられる。

3.2.3　密度分布と水圧

　海水の密度は水温と塩分濃度によって決定される。深海になると水圧のためやや大きくなるが，表層での現象がほとんどであるため一般には無視できる。密度 ρ は，真水の密度 $1.0\mathrm{g/cm^3}$ より少し大きい値であるので，取り扱いやすい偏差で表す。偏差 σ は次式で定義される。ρ の単位は，$\mathrm{g/cm^3}$ である。

$$\sigma = (\rho - 1) \times 1,000 \tag{3.3}$$

外洋では，$24 < \sigma < 30$，深層では平均として，$\sigma = 27.9$ である。

　密度の鉛直分布を図3.7に示す。密度は，塩分，水温，水圧によって決まるため，水圧の小さい表層では塩分と水温のもつ特徴を併せて示す。水温が高くなるとともに海水は膨張する，すなわち密度は小さくなる。したがって図で見られるように，熱帯海域の表層ほど軽い水である。

　密度の勾配は水塊の安定性を支配する。重い水が上方にあれば不安定になり，下方の軽い水と入れ替わって対流が生じる。海洋中のいろいろな運動のほとんどは，密度差によって生まれる重力を駆動力としている。わずかな密度差でも長い時間を経て，大きな運動・海洋現象となる。密度を最大にする

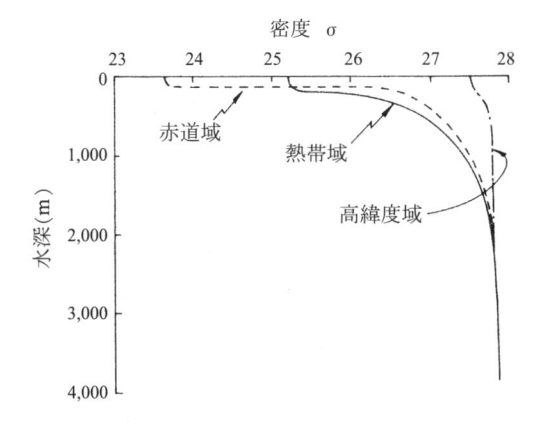

図 3.7 低緯度および高緯度海域における密度の鉛直分布 (Pickard ら, 1986)

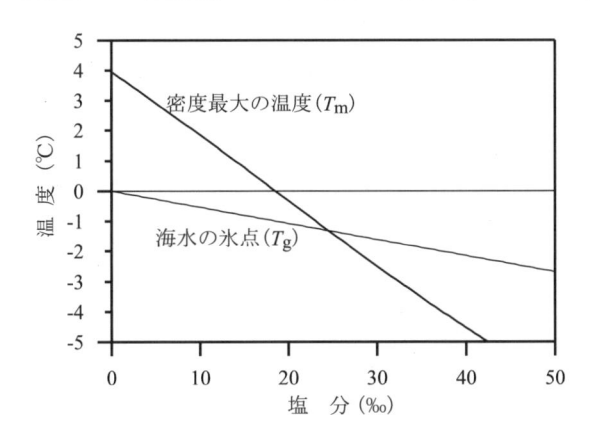

図 3.8 塩分変化に対する，海水の氷点と密度を最大にする温度．

水温 $T_\mathrm{m}(°\mathrm{C})$ の実験式を，塩分濃度 $S(‰)$ に対して次に示す．

$$T_\mathrm{m}(°\mathrm{C}) = 3.95 - 0.200S - 0.0011S^2 + 0.00002S^3 \tag{3.4}$$

図 3.8 に，海水の氷点と密度を最大にする温度を塩分濃度に対して示す．二つのグラフは，$S = 24.7‰$ で交差する．外洋では $S=33～37‰$ であるから，いつも $T_\mathrm{g} > T_\mathrm{m}$ である．このことは比較的高緯度海域，たとえば日本海北部において冬季に強い寒波が大陸から吹き出してきて，0°C をかなり下回る風が海面を冷却する場合でも，凍結しないことを説明してくれる．海洋表層が

冷やされると密度が大きくなるが，未だ氷点より高いため凍らない。$T_g > T_m$ であるから，重くなった表層水は凍る前に下に沈んでいき，軽く比較的暖かい水が上昇してくる。この水は冷やされると再び沈んでいき，対流が続く。したがって，表層水の水温の低下を妨げ，対流が存在する厚い層すべてが氷点まで冷却しないと氷結しない。海洋の熱容量を考えるとき，数十 m 以上の深さが凍ることは考えられない。逆に，淡水湖では密度を最大にする温度は $T_m = 3.95°C$ であり，この温度より低くなると対流が止まる。$T_g = 0°C$ であるので容易に表面から凍結する。海洋が凍結し難いのは，地球の気候にとって重要なことである。

3.3 グローバルスケールの海洋循環と海流

海にはいろいろな流れがある。表層には地球の自転，風，圧力勾配，潮汐などのため，複雑な流れが生じる。大きな流れは海流となって，我々の日常生活に密着した影響を与える。グローバルスケールの流れは，海洋大循環を形成しそれぞれの大洋でほぼ閉じる。

外洋の水深は 4,000m から 5,000m が最も多いため，鉛直スケールは水平スケールのおよそ 10 分の 1 程度よりも小さい。海は極めて薄い皿の中に入っている水といえる。この皿の中にも三次元的な運動があり，鉛直循環が生じる。その流れの速さは黒潮の中心部の 2m/s と比べると極めて小さく，流速計では測れない。100 年から 1 万年くらいのタイムスケールで，1 万 km から 4 万 km くらいの距離を大きな水塊が動くと考えればよい。したがって，この流れには高速で回転する地球の自転は関与しない。

3.3.1 海洋表層の流れ

沿岸域の流れは入り組んだ地形が絡まって複雑である。しかし，外洋では平均的な運動としての，定常的な流れがある。2.4.5 項で述べた上空の風の一つである地衡風とまったく同じ現象が海洋上で発現する。コリオリの力と海面上の圧力勾配が卓越していて，つりあっているとき，地衡流が生まれる。遅い運動なので強い海流があると見出しにくいが，大気の場合の地衡風に対応する。大気も海洋も地球表面をおおう流体なので，コリオリの力が卓越する運動では，同じ現象が現れる。

海の上を風が吹くと表層に流れが生じる。この流れを吹送流という。2.2.2項の風の鉛直分布で示された大気の運動量が海面に送られて，いいかえれば，風が海面を摩擦しながら引っ張って流れを引き起こす。外洋では，この摩擦力とコリオリの力がつりあって定常的な海流を生み出す。

吹送流 V を東西 (x) 方向と南北 (y) 方向に分けて $V=(u,v)$ とし，水深 (z) 方向にどのような変化をするかを見てみよう。流れを支配する方程式は，

$$fv + K\frac{\partial^2 u}{\partial z^2} = 0 \tag{3.5}$$

$$-fu + K\frac{\partial^2 v}{\partial z^2} = 0 \tag{3.6}$$

と表すことができる。ここで，f はコリオリのパラメター，K は表層の流れの乱れる程度を表現する定数である。風が西から東へ吹いているとする。海面を引っ張る風の力は，2.2.2項で示された摩擦力であり，次式で表される。

$$\tau = \rho u_*^2 \tag{3.7}$$

ここで，ρ は空気の密度，u_* は風の摩擦速度である。海面 ($z=0$) では，この力 τ で流れをつくるので，

$$\rho_{\mathrm{w}} K \frac{\partial u}{\partial z} = \tau \tag{3.8}$$

$$\rho_{\mathrm{w}} K \frac{\partial v}{\partial z} = 0 \tag{3.9}$$

となる。ここで，ρ_{w} は水の密度である。この条件下で上の方程式を解くと，

$$u = V_{\mathrm{s}} \exp\left(\frac{\pi z}{D}\right) \cos\left(\frac{\pi z}{D} - \frac{\pi}{4}\right) \tag{3.10}$$

$$v = V_{\mathrm{s}} \exp\left(\frac{\pi z}{D}\right) \sin\left(\frac{\pi z}{D} - \frac{\pi}{4}\right) \tag{3.11}$$

ただし，$V_{\mathrm{s}} = \tau/\rho_{\mathrm{w}}\sqrt{Kf}$ で，V_{s} は海面での流れの大きさを表す。すなわち，$V_{\mathrm{s}} = (V_{\mathrm{s}}/\sqrt{2}, -V_{\mathrm{s}}/\sqrt{2})$ となる。また，$D = \pi/\sqrt{f/(2K)}$ であり，水深 $z = -D$ になると海面での流れの方向と逆を向く。速度 V の水深 z に対する分布は螺旋状に方向を変えながら小さくなっていく（図 3.9）。また，V_{s} の方向は風下の方向 (x 方向) と右に 45 度ずれている。南半球では左に 45 度ずれる。ノ

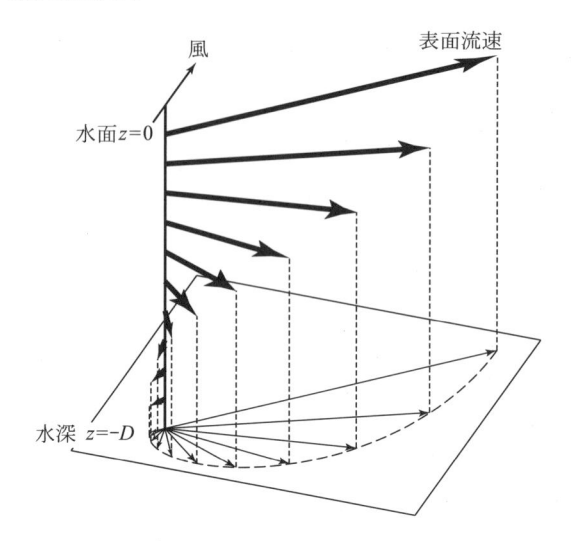

図 3.9 風によって生じる海流 (吹送流) の鉛直分布. エクマンスパイラルとよばれるように, 深くなるとともに螺旋 (スパイラル) 状に流向流速が変わる.

ルウェーの探検家・地球科学者であるナンセンが, 1893〜96 年の北極海の調査で船を長期間漂流させ, 表面の流速が風向と 30〜40 度ずれることを確認した. 上の簡単なモデルで求めた結果と同じ特性を証明している.

風浪でおおわれた中緯度の海域では, 風速 $U_{10} = 10\text{m/s}$, $\tau = 0.157\text{N/m}^2$ の場合, $K = 0.001\text{m}^2/\text{s}$, $f = 0.0001\text{s}^{-1}$, $\rho_w = 1{,}000\text{kg/m}^3$ とすると, $V_s = 0.50\text{m/s}$ の吹送流が海面に生じる. また, $D = 14\text{m}$ となるから, $z = -14\text{m}$ の深さでは流向が逆向きになり, $V = V_s \times 0.043 = 0.022\text{m/s}$ が求まる. この値は海面での吹送流に比べて無視できるくらい小さい.

3.3.2 海洋大循環と世界の主な海流

地球上の大きな海流を模式的に表したのが, 図 3.10 である. 海流は大陸と赤道に囲まれ, おおよそ方向づけられて循環している. 一部の海流を除いて赤道より北側では時計回りに, 南側では反時計回りに回っている. また, 大洋の西側 (大陸の東側に接するところ) では黒潮などの強い海流が存在する. この現象を海流の西岸強化という. これらの現象は海洋大循環が自転に支配されているために起こる.

海流を引き起こす駆動力として, まず風が上げられる. グローバルスケー

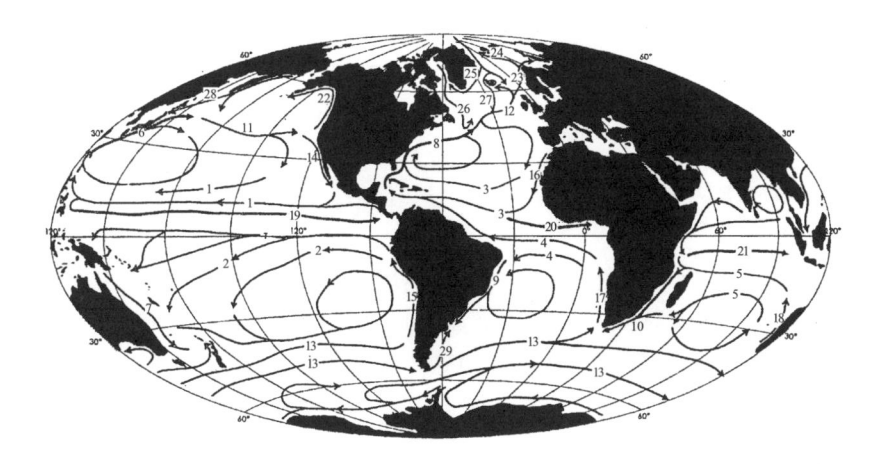

3.3 グローバルスケールの海洋循環と海流　73

図 3.10　世界の海流 (Dietrich, 1963)。1-5：南北赤道海流，6：黒潮，7：東オーストラリア海流，8：湾流，9：ブラジル海流，10：アグリアス海流，11：北太平洋海流，12：北大西洋海流，13：周極海流，14：カリフォルニア海流，15：ペルー海流，16：カナリア海流，17：ベンゲラ海流，18：西オーストラリア海流，19-21：赤道反流，22：アラスカ・アリューシャン海流，23：ノルウェー海流，24：西スピッツベルゲン海流，25：東グリーンランド海流，26：ラブラドル海流，27：イルミンガー海流，28：親潮，29：フォークランド海流。

ルの風の下には大きな海流がある場合が多く，貿易風の下に北赤道海流があるのは代表的な例である。したがって，「海流は風成循環で与えられる」と説明できそうであるが，循環の分布を詳細に見ると赤道反流など風向と逆向きな流れがあって単純ではない。

　太平洋の循環は北半球と南半球で閉じており，赤道を境にして二つの海域には水の交換がほとんどないといえよう。大西洋の循環は太平洋と同様に赤道を境にしてほぼ対称的な循環をしているが，北大西洋の湾流系には南大西洋から海流が入っている。大西洋では赤道を越える海水の交換がかなり多い。巨大な暖流である湾流(ガルフストリーム)は，北ヨーロッパに温暖な気候をもたらす。

　インド洋は，夏季と冬季では海流分布が大きく異なる。図 3.10 は，冬季の循環であり，変形しているが南インド洋で反時計回りの循環が見出せる。また，アラビア半島沿いから北アフリカ沿岸にかけて時計回りの海流が存在する。2.4.1項で示したが，夏季には強い南西の季節風であるインドモンスーンが吹く。そのためモンスーンの下では，この季節だけソマリー海流と名づけ

られた強い海流が生まれる。ソマリー海流は赤道を越えておよそ 3,000km の長さと 200km の大きな幅の流れとなる。北アフリカ沿岸海域では，ソマリー海流にともなって表層の海水を補給するために数百 m の深さから冷たい水が盛んに上昇してくる。この現象を湧昇といい，栄養豊かな水はクロロフィルやプランクトンの大発生をもたらす。その結果，この海域は豊かな漁場となる (図 1.9)。

グローバルスケールの表層水の交換が可能なのは，南極周辺だけである。周極海流は漂流といわれるくらい流速は小さいが，太平洋，大西洋，インド洋間の水交換の役割を担っている。世界の主な海流とその特徴を，表 3.1 に示す。最も流量の多いのは周極海流であり，湾流や黒潮が速いのは「海流の西岸強化」による。

外洋での平均的な流速は，海流がないところでは数 cm 程度である。流速は風速の場合と同様に，ノットで示されることが多い。実用上，1 m/s= 2 ノットと概算して差し支えない。また，流量は著名な海洋学者の名をとったスヴェルドラップ (sv) を単位として，次式で定義される。

$$1 \text{ sv} = 10^6 \text{m}^3/\text{s}$$

流速の測定はプロペラ式流向流速計で測定されることが一般的である。イオン化した海水の流れを電流とみて測る電磁流速計は精度も高く，観測船などでは多く使われる。

表 3.1 主な海流の流速，流量，海域と特徴

海　　流	流速 (cm/s)	流量 (sv)	海 域 と 特 徴
周極海流	10〜20	150〜200	南極，グローバルスケールの海水交換
湾　　流	200〜300	70〜90	北大西洋，世界一強い暖流
黒　　潮	80〜250	30〜60	北太平洋西部，世界で 2 番目に強い暖流
赤道潜流	50〜150	30	赤道直下，水深 100〜200m の層を東向き
ソマリー海流	0〜350	?	インド洋西部，5〜9 月 (夏季) のみ，北流

3.3.3 太平洋の水平循環と黒潮

北太平洋には時計回りの閉じた循環がある。北赤道海流は北緯 10 度付近の海域を西に向かって流れ，フィリピン東方沖で北に転じて黒潮となる。日本沿岸を蛇行しながら北上した黒潮は，宮城県金華山沖で東に向きを変えて黒潮続流とよばれるようになり，北太平洋海流に続く。北緯 40 度付近の海域を東進した北太平洋海流は北アメリカに達した後，カリフォルニア沖を南下して再びもとの北赤道海流につながる (図 3.11)。この循環に 2〜3 年を要する。南太平洋にも反時計回りの閉じた循環があるが，北太平洋に比べて定常的でない。グローバルスケールの大気・海洋現象に大きく影響される。

南北太平洋の循環を分ける対称軸は，赤道よりもおよそ 7 度北に偏っている。この対称軸に沿って東向きに，弱い赤道反流が流れている。南赤道海流は赤道を西に向かって流れ，インドネシア周辺・多島海域の東方を南下して東オーストラリア海流となる。さらに南極海域で周極海流に合流して，南ア

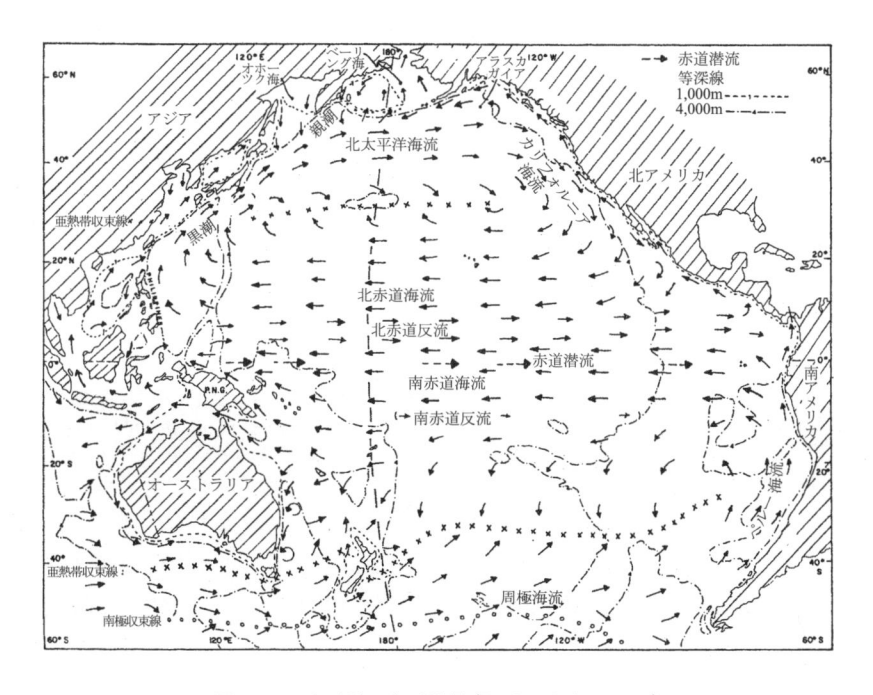

図 3.11 太平洋の水平循環 (Pickard ら，1986)

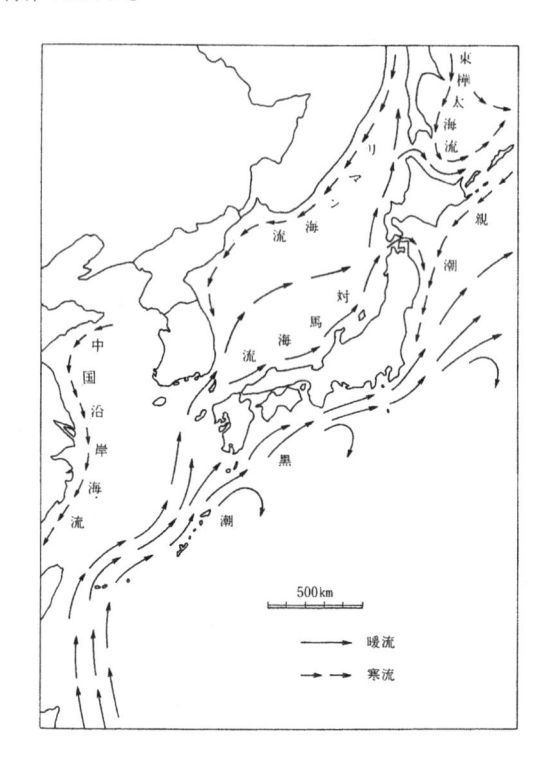

図 3.12 日本付近の海流

メリカにおいてペルー海流につながり，再び赤道へもどってくる。
　赤道直下の水深 100～300m の層には，東向きに流れる赤道潜流がある。南北に 200～300km の幅をもち，南赤道海流と同じ 14,000km もの距離を流れている。両者はたがいに強い相関をもっていて，エルニーニョ時に南赤道海流が弱くなると潜流も弱くなる。
　日本付近に北上してきた黒潮は，図 3.12 に見られるように，沖縄付近で一部が分かれて対馬海流となって日本海に入る。対馬海流はその後ほとんど津軽海峡から太平洋に抜ける。千島列島の東を南下してきた冷たい親潮は三陸沖合で黒潮とぶつかり，津軽海峡からの暖かい対馬海流とも合流して複雑な海況を現出する。このことはよい漁場を生むことでもあるが，一方海霧が発生しやすい。

3.4 鉛直循環と深層水の源

水平循環に比べると，我々の日常生活のタイムスケールでは鉛直循環はないと考えられるくらい遅い。グローバルスケールの鉛直循環には，その駆動力となる表層水の沈降が必要である。北太平洋には顕著な沈降域がなく，数十年から数百年スケールの鉛直循環が存在しない。大西洋にはいくつもの鉛直循環が見出される。表層水が沈降するためには，高塩分と低温による密度の増大が不可欠である。

3.4.1 鉛直循環を生む海氷域

塩類が溶けている海水が凍る，すなわち水の結晶ができると，不純物である塩類を排除する。その結果，海氷の周りの水はさらに高塩分の水となる。高緯度帯である南極と北極周辺の海域では，盛んに海氷が生成され表層水が高塩分化する。水温が低いのと相まって高密度の重い表層水ができる。そのためこれらの海域では表層水が沈降し，下層から比較的軽い水が上昇してきて大規模な対流が生じる。水温と塩分が寄与するため，この対流を熱塩対流という。そして，海氷域は鉛直循環による深層水の生成の源となる。

北太平洋の高緯度域はユーラシア大陸と北アメリカ大陸で北極をほとんど塞がれており，さらに降水量が多いため，表層水の密度は比較的小さく沈降

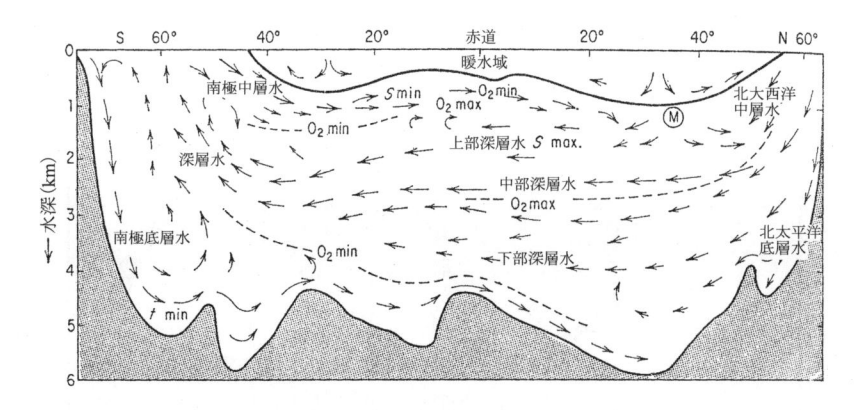

図 3.13 大西洋の鉛直循環 (Neumann, 1968)。図中の略語は以下のとおり。M：地中海，S max：塩分最大，S min：塩分最小，O_2 max：酸素最大，O_2 min：酸素最小，t min：温度最小。

しない。北大西洋の沈降域はグリーンランド南沖である。また，南極のウェッデル海とロス海も表層水が沈降する。ロス海は太平洋に面しているが，周極海流のため表層水が海底近くまで沈降する頃には大西洋に移動している。

図 3.13 に，大西洋の鉛直循環を示す。大西洋の鉛直循環に要する期間は，およそ 200 年と推定される。生成された際の表層水の密度によって中層を移動するもの，あるいは低層を移動するものなどがある。鉛直循環によって運ばれた深層水は他の深層水よりも溶存酸素などが多く，沈降域海面の性質をもち続けている。この溶存酸素は深海での流れのトレーサーとなっている。

3.4.2　グローバルスケールの鉛直循環

表層水の速い水平大循環は南極周極海流が担っている。一方，インドネシア多島海域を通過する太平洋からインド洋への海水の流入を熱塩循環から見出したのは，ブロッカーら (1982) である。以降，ゴードンら (1986) の研究によって，海洋全体の水の交換が明らかになった。図 3.14 に示すブロッカーの深層水コンベアベルトは，グローバルスケールの海洋大循環を模式的に表すものである。

循環の因果関係を踏まえて流れを追うと，以下のように説明できる。大西洋

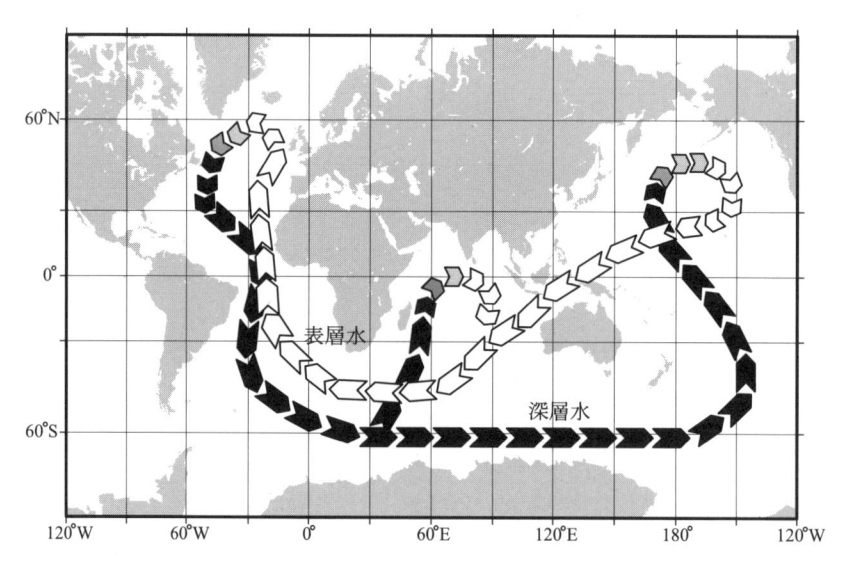

図 **3.14**　ブロッカーの深層水コンベアベルト模式図

の赤道や中緯度海域で蒸発によって高塩分になった表層水は北上し，グリーンランド近海まで達して水温の低下とともにさらに高密度化する．この海域では海氷の生成が盛んなため，表層水はさらに高塩分化する．低温で高塩分化した重い海水は深海に沈降していき，大西洋の低層をはうように南下し，アフリカ南端を回ってインド洋にいく．この深層水は，一部分インド洋で上昇して西向きの表層水となり大西洋に入って北上し再び循環する．アフリカ南端を回った大部分の深層水は，オーストラリアを回って北太平洋まで北上して上昇する．太平洋の表層の流れは，インドネシア多島海域を通過してインド洋に至り，大西洋に入り循環を繰り返す．この大循環に要する期間は，およそ 4,000 年といわれている．

太陽からの熱エネルギーは低緯度地帯で多く受け取られる．地球全体の熱平衡を担うための海洋のはたらきは，日射による赤道海域の海面の加熱と，高緯度海域での海氷の生成を駆動力として生まれる．しかし，海水は全体として寒冷な水であり，中低緯度の上層 (水深 $\lesssim 800$m) に温暖な水が浮かんでいるのを描くことができる．また，地球の熱の流れは赤道地帯から極域へと向かっている．海流が暖まりながら高緯度から低緯度へと流れるのも，水の流れとは逆であるが熱平衡にしたがう作用であろう．

3.5 海洋中の渦

海洋中にはいろいろな規模の渦が存在する．3.3.3 項での太平洋の水平循環は最も大きなスケールの渦といえる．1,000km 程度のスケールをもつものはガイアとよばれ，北極海などで見出されるとともに，海洋大循環の一部として取り込まれている．

大きな海流から離れた大洋の中央部の海域に，直径がおよそ 200km で周期が数週間の中規模渦が発見されたのは比較的新しく，1959 年から 60 年にかけて北大西洋で行われた深層での流速観測においてであった．この渦の本格的な観測は，計測システムの確立が困難なため，1970 年以降になった．狭義の中規模渦は，同じ水深で同じ密度をもっていて，海底から鉛直に立っている渦巻である．上下の層において同じ変動をし，およそ 10km/day の速度で移動する．渦の回転速度は，10cm/s から数十 cm/s にもなり，海洋の運動エネルギーの最も大きな部分を占めている．このような強い渦運動が外洋にあ

80　第3章　海洋のはたらき

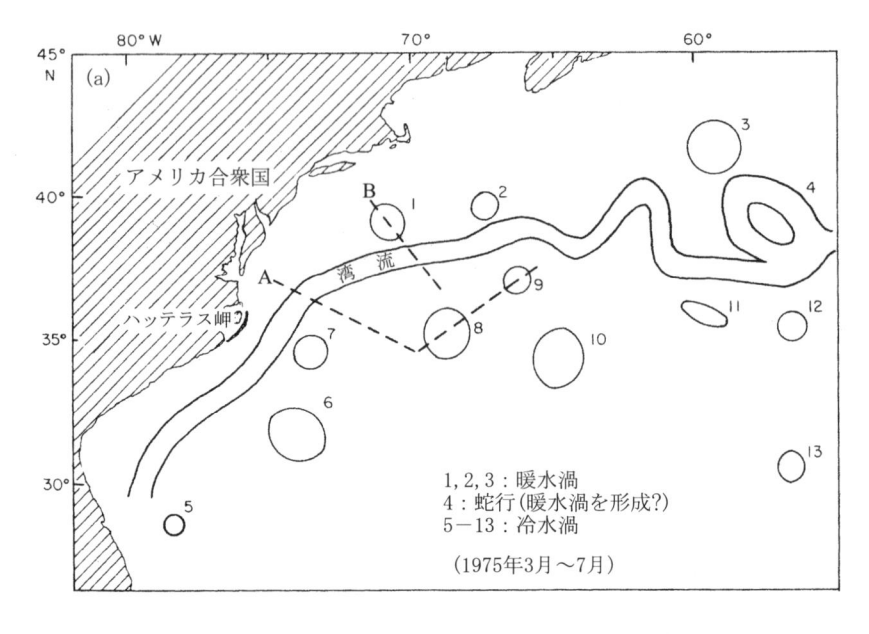

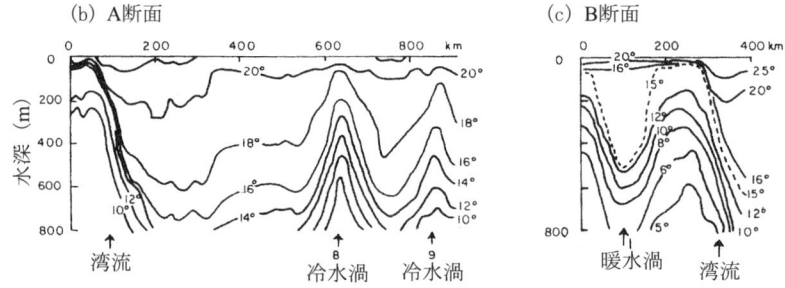

図 **3.15**　北大西洋の湾流にともなう中規模渦とその構造 (1975 年 3 月～7 月)。上は渦 (暖水塊と冷水塊) の位置，下は水温の鉛直分布 (Pickard ら, 1986)

るのは，驚きである (図 3.15)。

　黒潮や湾流の蛇行から切り離されて生成される冷水塊や暖水塊は，規模が大きく性質もやや異なるが，広義の中規模渦として扱われる。

3.6 大気と海洋の相互作用

大気と海洋は，密度がおよそ800倍異なるが，地球表面で接する流体である．両者の間には，運動量や熱，二酸化炭素などのいろいろなものが交換され，いろいろな現象を生み出す．海面での吹送流の生成，波浪の発生・発達，台風の発達などの現象を引き起こすメカニズムに，大気・海洋間の相互作用は大きくかかわっている．

3.6.1 海面での熱収支

海面への熱収支にかかわる要素は，陸面での場合とほとんど同じである．複雑な凹凸をもち，物理的化学的な性質が異なる表面が入り交じる陸地に比べて，海洋はかなり広い範囲で一様であり，平均的な輸送過程を見ることができる．図3.16に，海面へ入る熱の要素を示す．以下の式で現れる各項の値の正負は，図中の矢印の方向を正とする．輸送量は単位時間(s)に単位面積(m^2)あたりの海面を通して流れる量($J/s \cdot m^2 = W/m^2$)で表される．

海面への大気放射を最初に評価する．海面へ入射するのは，太陽からの日射Sと，雲や水蒸気，二酸化炭素などの大気物質からの赤外放射Lである．

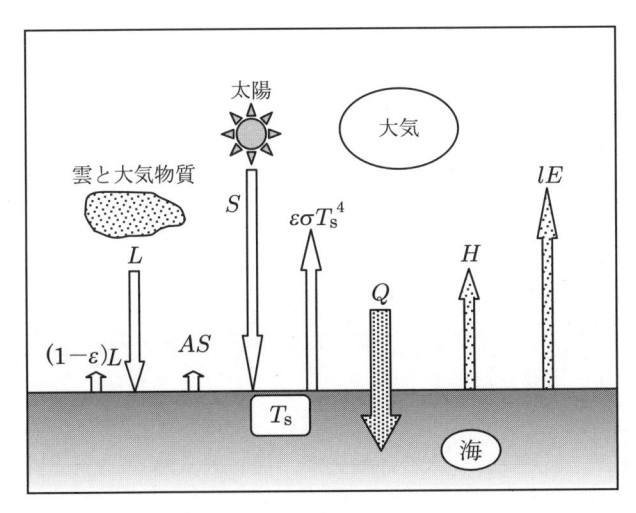

図3.16 海面での熱収支．単位面積あたりの熱流量で表す．日射S，雲および大気物質からの赤外放射L，海面からの赤外放射σT_s^4，顕熱H，蒸発の潜熱lE，水温T_s，海面のアルベドA，海面の射出率ε．

日射と赤外線は海面でわずかに反射する。反射の割合は，1.3.2 項で定義したアルベド A を用いる。真上から日射が海面へ入る場合，$A \approx 0.05$ の値をとる。海面から出る赤外線は，水温を絶対温度で表し $T_s(\mathrm{K})$ とすると，ステファン・ボルツマンの法則より，σT_s^4 となる。海面は完全な黒体ではないので，赤外線の出る量に射出率 ε をかける。射出率は，赤外線が入射するときの吸収率と同じになる。したがって，海面へ入る正味の放射量 $R_N(\mathrm{W/m^2})$ は，

$$R_N = (1-A)S + L - (1-\varepsilon)L - \varepsilon\sigma T_s^4$$
$$= (1-A)S + \varepsilon(L - \sigma T_s^4) \tag{3.12}$$

で表される。

大気の乱れ (風速変動) が輸送するのは，顕熱と蒸発による潜熱である。顕熱 $H(\mathrm{W/m^2})$ は，潜熱に対して名づけられた用語で，海面と大気の温度差にほぼ比例して流れる熱である。海面から出る水蒸気量 $E(\mathrm{g/m^2})$ は，海面と大気の比湿 $q(\mathrm{g/kg})$ の差にほぼ比例する。輸送量を与える経験式を次に示す。

$$H = C_H \cdot c_a \rho U_{10}(T_s - T_{10}) \tag{3.13}$$

$$E = C_E \cdot \rho U_{10}(q_s - q_{10}) \tag{3.14}$$

ここで，$c_a(= 1.0\,\mathrm{J/g°C})$ は空気の比熱，$\rho(= 1.3\,\mathrm{kg/m^3})$ は空気の密度，U_{10} は海面からの高さ 10 m における平均風速，T_{10} は同じ高度の気温，q_{10} は同じ高度の比湿，q_s は海面での比湿であり水温 T_s での飽和水蒸気圧に対するものとする。C_H と C_E は経験的な係数であり，およそ 0.001 とする。水蒸気が水滴になるとき $l = 2{,}500\mathrm{J/g}$ の熱を放出することは，2.2.3 項においてすでに述べた。この相変化が逆になったとき，すなわち水から水蒸気が発生するときは同じ値の熱を奪う。したがって，海面からの蒸発量が E のとき，$l \cdot E(\mathrm{W/m^2})$ の熱量が大気へ「潜った形で」輸送される。そして雲や霧になったとき，熱となって現れる。

したがって，大気放射と風の熱輸送で，海へ入る熱 $Q(\mathrm{W/m^2})$ は，

$$Q = R_N - (H + l \cdot E) \tag{3.15}$$

で，評価される。Q が負の値をとる場合は，海から奪われる熱量を表す。2.2.2 項での摩擦抵抗力を与える経験式 (2.6) 式と併せて，この輸送量の求め方をバ

ルク法という。

3.6.2 海洋全体の熱の流れ

海洋は大気に比べて非常に大きな熱容量をもっている。海水の比熱 c_w(= 3.9J/g°C) は淡水とほぼ同じであり，空気の比熱の約 4 倍である。全海洋を暖めるのに必要とする熱量は，全大気を暖めるのに必要とする熱量のおよそ 700 倍となる。地球大気の全層を全部暖めるのに必要な熱は，10^7J/m^{2}K であり，この熱で暖められる海洋の層は水深 2.5m までにすぎない。海洋のはたらきが気候を支配するのは容易に理解できる。しかし，海洋のはたらきを駆動するのが大気現象である場合が少なくない。

海洋と大気は相互作用をしながら，低緯度地帯から高緯度地帯へ熱を運ぶ。海洋の流れによる熱輸送は，大気の流れによる熱輸送とほぼ等しいと推定されている。図 3.17 に，東西方向に (緯度線に沿って) 平均した熱輸送量の，南北方向 (経度線) の流れを示す。全熱輸送量の分布は，赤道を軸として南北にほぼ対称である。海洋の運搬熱の分布もほぼ対称であるが，大気と海洋が相互に干渉する潜熱輸送は，単調ではない。

海面へ入る正味の熱量の分布を図 3.18 に示す。おおよそ熱帯域で多くの熱を受け取るが，海面温度のようには一様ではない。分布がまだらである主な原因は，雲の分布，蒸発量，顕熱輸送量が局地的であることによる。図から見

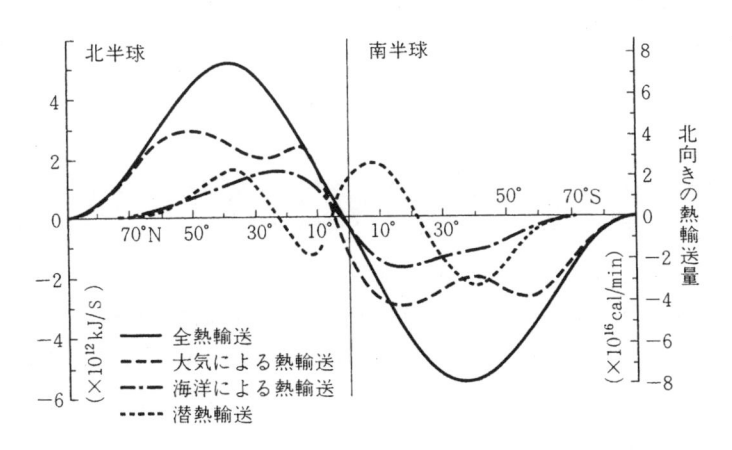

図 3.17　緯度線に沿った熱輸送量の平均的な分布（Sellers, 1965）

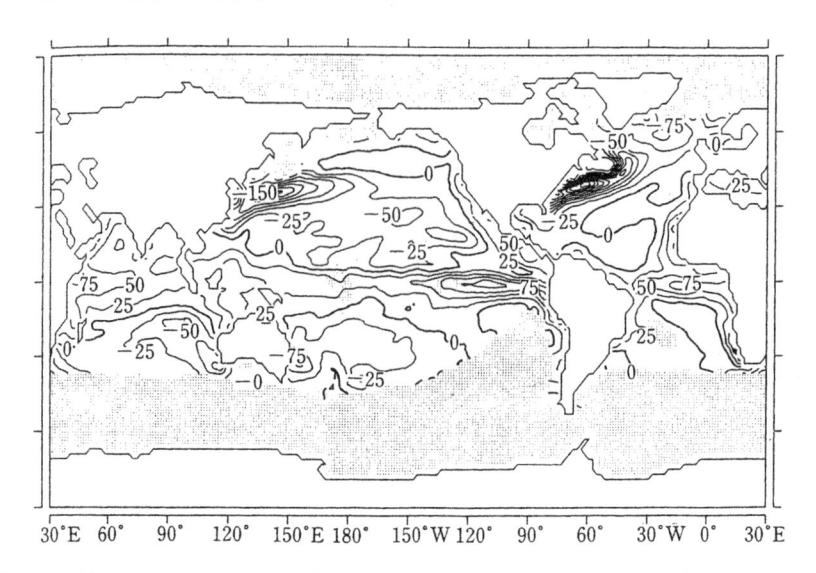

図 3.18 グローバルスケールで見た年平均の大気から海洋への熱輸送。負の記号は海洋から大気への供給を示す。単位は，W/m^2 (Oberhuber, 1988)

られる特徴の一つは，中緯度にあって大陸に沿った大洋の西側において，海洋から大気への熱輸送 ($-Q$) が大きいことである。年間を通じて，日本周辺の黒潮海域では約 100 W/m^2，アメリカ東海岸の湾流域では約 200 W/m^2 もある。このメカニズムは次のように説明できる。冬季に乾燥した強風が海面水温が高い暖流域に吹く。したがって，海面と大気の間の温度差と絶対湿度の差が大きい。それに加えて，輸送の担い手である強風が吹くため，上向きの顕熱輸送と蒸発量が極めて大きくなる ((3.13)，(3.14) 式を参照)。この二つの輸送量 ($H + l \cdot E$) が，正味の大気放射量 (R_N) を大きく上回り，海洋から大気へ熱を供給する形となる ((3.13) 式を参照)。これが，大陸からの寒気吹き出し時に日本海の積雲 (図 2.15 で見られる筋状の雲) や，太平洋沿岸に雪をもたらす東シナ海低気圧の発達に供給される。

　冬季の大陸からの乾いた寒気団が東シナ海・南西諸島周辺の暖かい海域で変質するメカニズムを明らかにしようと，国際共同観測 (AMTEX；1974～75 年) が実施された。寒気吹き出しが強かった 2 月の沖縄南方の黒潮流域において，1 日の平均値として次の観測例を得ている。$R_N = 26$ W/m^2，$H = 145$ W/m^2，$l \cdot E = 509$ W/m^2，$H + l \cdot E = 654$ W/m^2。したがって，$Q = -628$ W/m^2 と

なる。大気への熱輸送の主な担い手は，蒸発による潜熱であり，中緯度海域では大気放射の寄与は小さい。

3.7 波　浪

　池の水面に風が吹くと波が立つ。風は波を発生させる原因となるが，津波のように海底にショックを与えても波ができる。また，コップの中にできた数mmほどのしわのような波から，高さ10mを超す大きな波もある。図3.19に，いろいろな波をスケールの大きい順に並べてその相対的な運動エネルギー分布を模式的に示す。波動は水面の波ではなくとも，一般的に共通した物理学的用語で記述される (図3.20)。

　海面の波は，琵琶湖のような大きい湖の波も含めて，半日よりもかなり小さい周期をもつ。したがって，コリオリの力は影響しない。大部分の波浪は，その復元力として，地球の重力のみを考えればよい。波長数mm～数cm程度の小さな波では，重力とともに表面張力が復元力となる。

　3.2.2項で述べた海中のサーモクラインで発生する内部波も重力を復元力とする波である。温度の急激な変化によって生じる密度変化は小さいため，内部波は波高数十mもの大きな波になることがある。

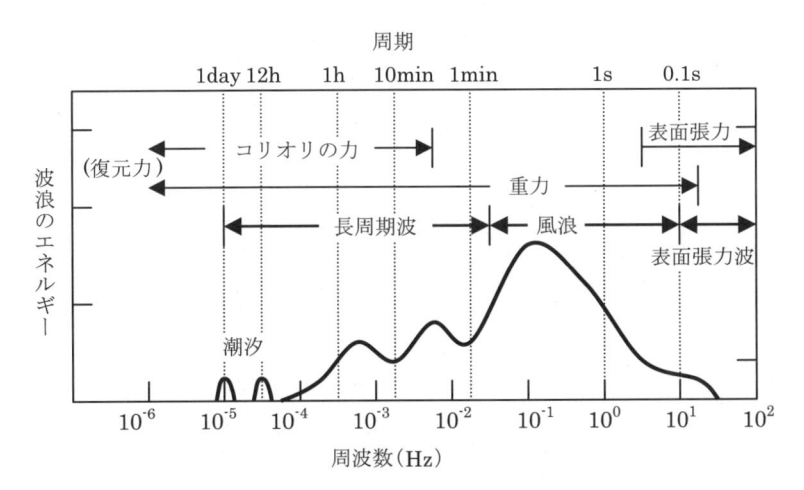

図 3.19　小さい波から大きい波までの相対的な運動エネルギー分布を模式的に表す。

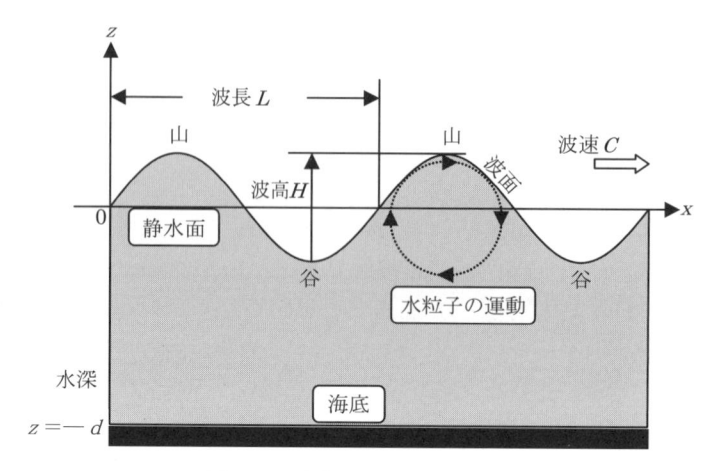

図 3.20 波浪に関する諸元の定義

3.7.1 風　浪

表 3.2 に，波浪に関係する基本的な用語を示す．最もよく使われる「波高」は，海洋の分野における特有のもので，波動の振幅ではなくて「隣り合う波の山から谷までの高さの差」をいい，波の形が正弦波に近いときは振幅のほぼ 2 倍になる．大小いくつもの波が続く場合においても隣り合う波を見て決めるので，大きな波にとらわれない．最大波高は観測された波高のうち最も大きなものである．

表 3.2 波浪の用語

波浪の諸元	記号	定義と関連する諸元
波　高	H	たがいに隣り合う波の山と谷の高さの差
振　幅	a	平均水面から波の山または谷までの高さの差．正弦波の場合は $H/2$．
周　期	T	ある点に波の同じ位相 (たとえば山) がやってくる時間の間隔．周波数 f は $f = 1/T$ で表される．
波　長	L	波の隣り合う同位相 (たとえば山) 間の距離．
波　数	k	長さに対する位相の変化の割合．$k = 2\pi/L$．
角速度	ω	位相変化の速度．$\omega = 2\pi/T = 2\pi f$．
波　速	C	波の形が伝わる速度．位相速度．
群速度	C_g	波群 (周期がわずかに異なる波を重ねた群) が伝わる速度．

風によって引き起こされる波を，風浪または風波という。発生した波のうち小さい波浪群は近くで減衰するが，大きな波は遠くまで伝搬していき，うねりとよばれる波になる。土用波は，夏の土用の頃，海岸にうち寄せる大きなうねりであり，その発生源は台風であることが多い。

風の運動エネルギーは海面において，小さな波から取り込まれる。小さな波浪群はそのエネルギーで発達するが，すぐ飽和状態になる。あふれたエネルギーは少し大きな波浪に受け渡されて，あふれるまで小さい波から供給される。飽和状態になってあふれたエネルギーは，さらに大きな波に供給される。このようにして風浪は発達する。風が大きな波に直接エネルギーを渡すことはなく，その入り口は表面張力と重力の双方が作用するような小さい波浪群で，波長数 mm～数 cm のものである。外洋では，上述したメカニズムで長い距離を風が吹いてくると大きな波になり，また長い時間風が吹くと波が発達する。風が吹いてくる距離を吹送距離，吹いている時間を連吹時間という。

いろいろな波が不規則に重なり合う海の波浪状況を表現するには，統計的に記述するのがよい。観測した波の代表として，有義波を定義する。有義波は，連続して記録された N 個の波を大きい順に並べて，上位 $N/3$ 個の波高 H と周期 T の平均値をとる。それぞれを有義波高 $H_{1/3}$，および有義波周期 $T_{1/3}$ とよぶ。海洋状況・有義波は，風の吹いている海域があまり変動がないのなら，風速の大きさ，吹送距離，連吹時間で与えることができる。吹送距離が十分長い外洋では，静かな海面に風速 $U_{10} = 10\text{m/s}$ が吹き始めると，1 時間後に波高 $H_{1/3} = 0.4\text{m}$，2 時間後に $H_{1/3} = 0.7\text{m}$，6 時間後に $H_{1/3} = 1.3\text{m}$ になる。風速 $U_{10} = 20\text{m/s}$ ならば，1 時間後に $H_{1/3} = 1.2\text{m}$，2 時間後に $H_{1/3} = 1.8\text{m}$，6 時間後に $H_{1/3} = 3.5\text{m}$ という大きな波になる (ウィルソンの式による)。

波浪の測定方法は，水面の上下の変化が海底での水圧を変化させることを利用して測定する方法が伝統的に行われている (水圧式波高計)。しかし，この方法だと海面の小さい変化を測定できないため，直接音波で水面の変化を測定する超音波波高計などが広く用いられるようになった。

3.7.2　深水波と浅水波

深水波は波長に比べて十分深い水深をもつ海における波で，深海波ともいう。波長と水深の関係は相対的なもので，波が小さくて海底の影響を受けな

いならば，浅い水深でも深水波となる．対照的に浅水波は波長に比べて相対的に浅い水深における波であり，浅海波ともいう．一般に，外洋の波浪は深水波，海岸近くの波浪は浅水波としてよい．津波は波長が極めて長く，浅水波の一種である．

波浪の性質は次の式から導かれる．

$$\omega^2 = gk\tanh(kd) \tag{3.16}$$

ここで，$g(=9.8\mathrm{m/s^2})$ は重力の加速度，k は波数，d は水深である．波速 C，群速度 C_g は上式より

$$C = \sqrt{\frac{g}{k}\tanh(kd)} \tag{3.17}$$

$$C_\mathrm{g} = \frac{C}{2}\left(1 + \frac{2kd}{\sinh(2kd)}\right) \tag{3.18}$$

となる．

(1) 深水波の場合 ($kd \gg 1$)

(3.17) 式は $\omega^2 = gk$ となり，$C = \sqrt{g/k}$ および $C_\mathrm{g} = C/2$ に単純化できる．風浪でおおわれた海面では，いくつもの波群が不規則に点在していて，それぞれの波群は周期的に変動している．波群を構成する個々の波は，群速度より2倍も速く動いていることを示している．

風浪の一例として，周期 $T = 5\mathrm{s}$ の波の特徴を見る．このとき，角速度 $\omega = 1.25\mathrm{rad/s}$，波数 $k = 0.16\mathrm{rad/m}$，波長 $L = 39\mathrm{m}$，波速 $C = 7.8\mathrm{m/s}$，群速度 $C_\mathrm{g} = 3.9\mathrm{m/s}$ となる．

波浪の傾き $H/(L/2)$ には，上限があり，

$$\frac{H}{\frac{L}{2}} \lesssim \frac{2}{7} \tag{3.19}$$

で与えられる．2/7 の値は約 16 度の傾きである．感覚的な波の傾きよりかなり小さい．発達した風浪の傾きが，最も大きくなる．この波がとる波高は，$H \lesssim 6\mathrm{m}$ である．周期 5 秒前後の風浪が最も卓越する海面で，最大波高はおよそ 6m になる．

(2) 浅水波の場合 ($kd \ll 1$)

(3.17) 式は $\omega^2 = gk^2d$ となり，$C = C_g = \sqrt{gd}$ の関係をもつ．すなわち，波浪の速度は皆同じで，水深だけで決定される．遠浅の海岸線に向かってくる波が汀線に平行になるのは，水深の等値線が汀線と平行で，すべての波が同じ水深で同じ速度をもつことによる．

大洋を横切る大津波は，数千 m の水深でも，浅水波として動く．太平洋の水深を 4,000 m とすると，波の伝搬速度 $C \approx 200\text{m/s}(= 720\text{km/h})$ にもなる．この速度は，ジェット旅客機の速さに匹敵する．1960 年のチリ地震による津波は，ほぼ一昼夜で日本に達し，三陸沿岸で大きな被害をもたらした．

3.8 潮汐

海岸や波止場にいくと，潮の干満が周辺の風景に変化を与え新しい発見をすることがある．この潮汐は，1日に 1～2 回水面を上下させ，水位の変化にともなって流れが変わる．潮汐による水位，すなわち潮位は天体の運行によって決まる．また，台風などの気象擾乱によっても水位の変化があり，これを気象潮という．高潮はその一つの例である．天体の運行は，海洋だけでなく大気や地球内部の流体 (マントル) にも影響を及ぼす．これらは大気潮汐および地球潮汐とよばれ，海の潮汐と似た運動をする．

潮位の変化を駆動する力を起潮力という．起潮力は，月と太陽の二つの天体が地球に及ぼす力の合成で与えられる．潮位に最も大きく寄与する月について考える．地球上のある海面 (たとえば東京湾) に及ぼす力は，その海面に

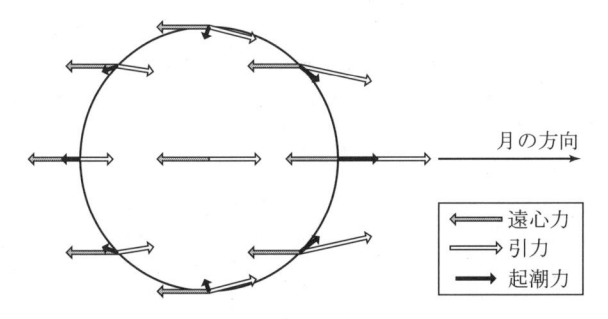

図 3.21 引力と遠心力の合力である起潮力の分布．起潮力のうち地球表面に平行な成分が海水の移動に作用する．

おける月と地球の間の引力，およびその海面での遠心力である．起潮力はこの二つをベクトル合成したもので，図 3.21 に全球の起潮力分布を模式的に示す．地球表面では重力が起潮力に比べて圧倒的に大きいから，図の分布のうち，鉛直方向は実質的に海面に作用せず，水平方向の成分のみ有効に作用する．

起潮力は，地球の自転と月までの距離の変化で変わる周期的な性質をもつ．地球の自転が速すぎるため，海水が起潮力の変化に追従できない．もし追従できたら，現実の潮位変化よりはるかに大きなものとなる．太陽の潮汐に対する寄与も，月に対するものと同様である．

起潮力は周期的であるから，いろいろな振幅や周期をもつ三角関数の和として表せる．各々の周期的な項を分潮という．表 3.3 に，主要な分潮と周期および起潮力に寄与する割合を，記号とともに示す．

半日周期の分潮 (半日周潮) と 1 日周期の分潮 (日周潮) の和で，潮位の変化がほとんど決まり，月 (太陰) の運行で時間変化が与えられる．したがって，満月や新月の日が，大きな潮汐変化となる．

起潮力によって生まれた海水面の変化は，長い周期の波となって伝搬する．その運動の途中で海底や海岸などの地形によって変動するため，観測される場所での潮位と発現時間は大きく異なる．日本各地での潮汐の予報値は潮汐表として，毎年発刊されている．

表 3.3 主要分潮 (中野猿人, 1940)

記号	名　称	速度 (毎時)	周期 (時間)	係数
	(半日周潮)			
M_2	主太陰半日周潮	28.984104	12.42	0.4543
S_2	主太陽半日周潮	30.000000	12.00	0.2120
N_2	主太陰楕円潮	28.439730	12.66	0.0880
K_2	日月合成半日周潮	30.082137	11.97	0.0576
	(日　周　潮)			
K_1	日月合成日周潮	15.041069	23.93	0.2655
O_1	主太陰日周潮	13.943036	25.82	0.1886
P_1	主太陽日周潮	14.958931	24.07	0.0880
S_1	気象日周潮	15.000000	24.00	気象潮

潮位の差は，朝鮮半島の仁川で10m近くになる大潮があり，カナダのファンデー湾ではおよそ15mにもなるときがある。日本では九州西岸が大きく，有明海奥部の大潮はおよそ5mに達する。関東地方は，高々1.5mである。

3.9 気候変動をもたらす海

　大気と海洋の相互作用に関して，海流の生成や海面からの蒸発などの小さいスケールのメカニズムについてはすでに述べた。グローバルスケールの大気と海洋間の相関は，これらの小さいスケールの現象をもとにして生まれる。地球全体にわたる気候変動のしくみは，解明されつつある。
　ここでは，大きな災害を世界各地に引き起こすエルニーニョと，気候変動に最も応答が鋭敏な極域の現象をみる。

3.9.1　エルニーニョ

　エルニーニョイベントとは，南アメリカペルー沖の海水温が数年に一度の割合で，平年に比べて1～4°C高くなる状態が半年から1年半続く現象をいう。エルニーニョの語は，もともと「神の子」を意味するスペイン語で，毎年クリスマスの頃に見られる水温の高い状態をいう。異常高温を指す場合は「イベント」の語を付加するが，慣用的にはエルニーニョで通っている。
　図3.22に，エルニーニョ時における水温の平年時からの偏差を示す。平年時では，インドネシア多島海の東側海域の海面水温は，年間を通じて約29°Cの高温を保ち，表層は暖水プールといわれている。赤道上を南赤道海流が西向きに流れているため，太陽エネルギーで暖められた表層水がインドネシア側に寄せられることによる。したがって，暖水プールを形成する表層の厚さも大きくなる。一方，ペルー沖は，南からの寒流であるペルー海流とそれにともなう湧昇のため年平均水温は約17°Cであり，20°Cを超えることはない。エルニーニョ時には，水温の高い領域は大きく東のほうへ広がり，ペルー沖でも昇温する。エルニーニョ発現時に，監視海域(ペルー沖，西経120度周辺)における月平均海水面温度の平年からの偏差の推移を，図3.23に示す。水温変化はあまり規則的な周期性をもっていない。1997年春から98年春にかけて1年あまり続いた異常高温は，20世紀最大のエルニーニョであった。
　ウォーカーは1920年代に，南太平洋の赤道寄り海域の東西において，地

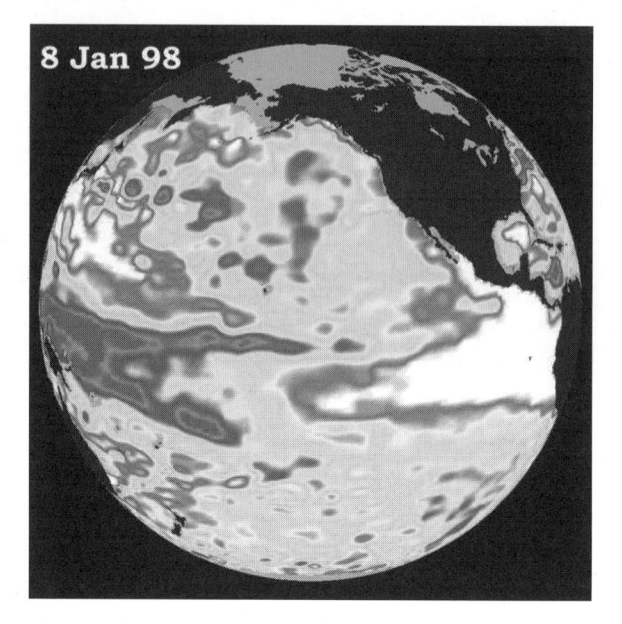

図 3.22　1998年1月8日の海面水温の平年値からの偏差 (NASA)。南アメリカのペルー沖に見える白っぽい領域が平年値よりも水温が高くなっていることを表している。

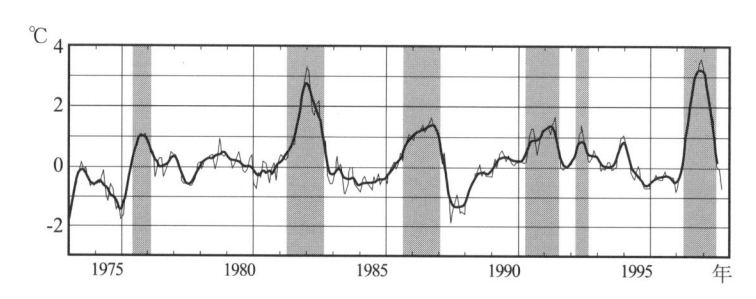

図 3.23　ペルー沖 (150〜90°W) の水温の経年変化。細線は月平均値，太線は5ヶ月移動平均値で，影をつけた部分がエルニーニョ発生期間。1998年9月まで (気象庁の資料による)

上気圧の差が水温の変化とよく似た変動 (逆位相の変化) をすることを発見した。大気の東西循環 (ウォーカー循環) がエルニーニョと深い関係があることを指摘したのである。

現在では，タヒチとダーウィン (オーストラリア北部) の地上気圧の差を，南方振動の指数として，エルニーニョの監視にあたっている。またこの異常

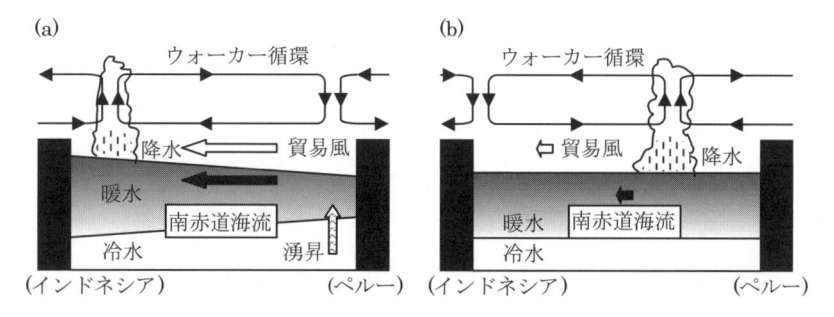

図 3.24 エルニーニョの発現メカニズムの一説；暖水プールの振動。(a) 平年時，(b) エルニーニョイベント時。

現象は，大気と海洋が強い相関をもつグローバルスケールの変動であることがわかってきたので，エルニーニョ南方振動 (略して，ENSO) とよばれるようになった。

エルニーニョの発生原因は，南赤道海流の上を吹いている貿易風の衰弱など，いろいろ説がある。暖水プールの東西振動によるとの研究もあるが，発生のきっかけとなる駆動力は解明されていない (図 3.24)。

エルニーニョは大気と海洋の両方が絡まった異常現象であり，赤道から遠く離れた世界各地にも大きな災害を発生させる。

ペルー沖の水温上昇は，アンチョビ (かたくち鰯) を激減させ，また豪雨と大洪水を出現させてペルーやエクアドルに大打撃を与える。オーストラリアに大干ばつを，北アメリカやヨーロッパに大規模な集中豪雨と洪水を，また日本の梅雨前線の活発化を引き起こすといわれている。

3.9.2 極域の海

ノルウェーのナンセン (1861–1930) は，極域研究の先駆者である。1888 年になされたグリーンランド初横断，フラム号による北極海漂流 (3.3.1 項参照) など北極圏での探検は，地球科学者としての正確な調査・観測を第一の目的として実行されたものであった。極域での大気，海洋，雪氷などの観測は厳しく，今日でも困難である。

図 3.25 に，オホーツク海の海氷を示す。オホーツク海は，冬季に結氷する海域としては世界で最も低緯度 (北緯 45 度) の海である。同海域は大陸からの寒気の吹き出しが強く，アムール川からの淡水の流入が多いため塩分濃度

図 3.25　高度 150m から撮影したオホーツク海の海氷

が低いこと，大陸と列島に囲まれてほとんど閉じている浅い海であることが主な原因である。

　図 3.26 に，南極と北極の海氷の分布を示す。海氷の占有面積は季節変化が激しく，冬季の極大期と夏季の極小期では，およそ 5 倍にもなる。南極よりも北極のほうが大きな変動をする。平均的には，全海洋の約 10%の面積を占める。したがって，地球全体の熱輸送に対して極域の海氷は，大きな影響をもつ存在である。極域の海の役割は，陸域をおおう氷とともに考えなければならないことが多い。大気・海洋・雪氷間の相互作用は，極域だけでなくグローバルスケールの気候にも大きく寄与する。

　海氷の熱収支に対する直接的な役割の一つを述べる。海氷は，水よりも軽いので浮く。そのため，海氷は海面をおおい隠す。海水の温度は低くても $-2°C$ であって，極域の気温が $-20°C$ 以下になることも希ではないので，海は断然の熱源である。しかし，冠雪をした海氷はよい断熱材であり，海から大気への熱の供給を遮断してしまう。さらにふたをされた海面からは，水蒸気が出ない。すなわち，潜熱を大気へ供給することができなくなる。海氷におおわ

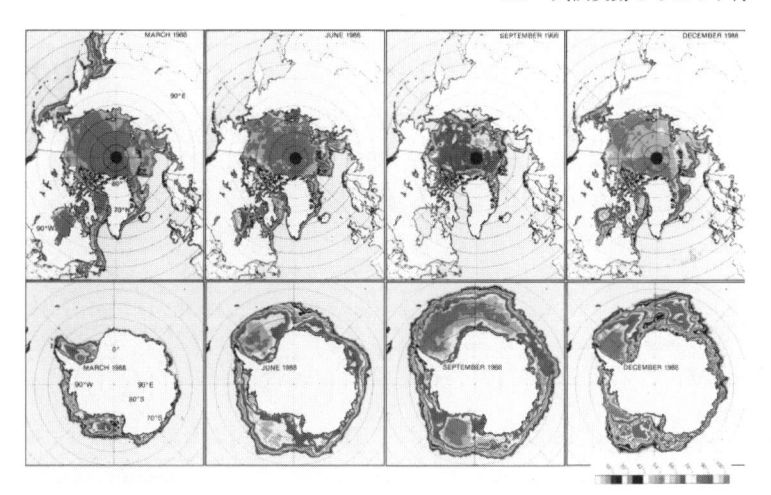

図 **3.26** 人工衛星搭載のマイクロ波放射計で求めた海氷分布の季節変化 (NASA)。左から 3，6，9，12 月。北極 (上) と南極 (下)。色が濃いほうが氷が厚いことを示している。

れた海面は，海から大気への熱の供給を閉ざしてしまうのである。

一方，海氷のアルベド (太陽光の反射の割合)A は，$A \approx 0.6$ であるが，海面は $A \approx 0.05$ である。もし海面に氷がなかったら太陽光のほとんどを吸収するが，海氷におおわれていたら半分以上を宇宙へ返してしまう。太陽光は，陸域の氷でもほとんど同じ効果を示す。

これら二つの理由から，海氷があれば極域の下層大気を大きく冷やす。仮に，海氷が何らかの原因で年毎に増え始めるとすると，上述したメカニズムのため，正のフィードバックが作用し，極域の地表面 (海面) 温度が下がり，氷が増加する。そしてさらに地表面の温度が下がる。このような過程を経て加速度的に寒冷化し，氷のおおわれる地域は低緯度まで及ぶようになり，地球が氷河期を迎えることとなる。

海氷はなかなか生成されないメカニズムがあること，また海氷の生成は，鉛直大循環の始めとなる表層水の沈降をもたらすことを 3.2.3 項で述べた。

大気中の二酸化炭素の増大による温室効果の高まりは，極域にどれくらいの影響をもたらすかはいろいろと試算されている。温度上昇にともない，陸域の氷も含めて極域の氷の減少は海水面の上昇，太陽光を大量に反射させる地表面の減少などを現出し，海面上昇だけでも世界の人々の生活を根本的に

変えてしまう。

このように海氷域は,温暖化と寒冷化の相反する特性をもつ作用をいくつもかかえている。したがって,極域の気候システムは,微妙なバランスの上に立っているといえる。何かのきっかけで現在のバランスが崩れたとき,地球全体に及ぶ激しい気象と,その後の極端な温暖化や寒冷化などが生じるだろう。我々の文明が排出する熱や物質のはたらきも,一つのきっかけとなりうる。

参考文献

Broecker, W. S. and Tsung-Hung Peng：Traces in the Sea, Publications of the Lamont-Doherty Geological Observatory, Colombia Univ., 1982.
Dietrich, G.：Die Meere, 1963.(G. Neumann: Ocean Currents, Elsevier Publishing, 1968 より)
Gordon, A. L.：Interocean Exchange of Thermocline Water(Paper 6C0064), J.G.R., 91, 1986.
光易 恒：海洋波の物理,岩波書店,1995.
中野猿人：潮汐学,1940(復刻版,生産技術センター,1975).
NASA(アメリカ合衆国航空宇宙局)ホームページ：http://visibleearth.nasa.gov/
Neumann, G.：Ocean currents, Elsevier Pulishing Company, 1968.
Oberhuber, J.M.：Max-Planck Insti. Rep., 15, 1988.
Pickard, G. L., and W.J. Emery：Descriptive Physical Oceanography, Pergamon Press, 1986.
Sellers, W. D.：Physical Climatology, Chicago, pp.272, 1965.
鳥羽良明編：大気・海洋の相互作用,東京大学出版会,1996.
和達清夫監修：海洋大辞典,東京堂出版,1987.

第4章

地球の形・重力

　地球はその名が示すように球形である。我々は常識として，このことを知っている。気象衛星などの人工衛星から見る地球の写真は，地球が球形であることを我々に実感させてくれる。現在では，宇宙技術を利用することにより，より詳細な地球の形の決定が行われている。
　この章では，地球の形の理解がどのように進んでいったのか，そして，地球上の位置の決定や地球の形と密接に関係している重力について述べる。

4.1　地球は球である

　地球の形が球形であると唱えたのは，ピタゴラス (B.C. 580(?)–B.C. 500(?)) とその学派であるといわれている。また，アリストテレス (B.C. 384–322) は，地球が球である証拠を具体的にあげている。① 海岸から沖合いへ遠ざかっていく船を見ると，船の下のほうから見えなくなり最後にマストが見えなくなる，② 高いところへ上るほど遠くが見える，③ 南から北へと旅をすると北極星の高度がだんだん高くなる，④ 月食のとき，月にうつった地球の影が丸い，などである。後に16世紀になると，マゼランの一行が世界一周に成功した。現在では，人工衛星からの写真で地球の姿を直接見ることができる。
　地球一周の大きさの最初の測定は，B.C. 200年頃，エラトステネスによりなされた。エラトステネスは，エジプトのアレクサンドリアの図書館長をしていた人である。旅人によりもたらされた情報に，アレクサンドリアの南に

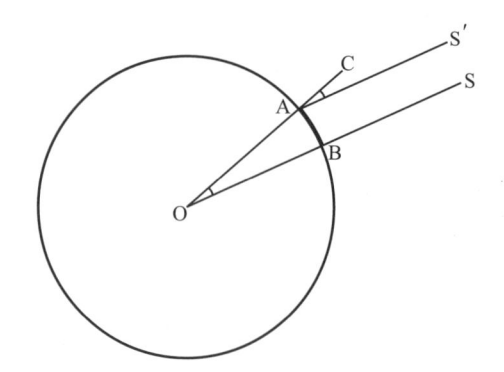

図 4.1 エラトステネスの地球円周測定原理。太陽からの光線 S, S′ は平行と考えることができるので，A 地点と B 地点の緯度の差 ∠AOB は ∠CAS′ に等しい。

あるシエネ (現在のアスワン) という町にある井戸では，1 年に 1 度，夏至の日の正午に深い水面に直接太陽の光が差し込むというものがあった．すなわち，太陽が真上にくるということである．アレキサンドリアで夏至の正午に太陽の高度を測ったところ，太陽は天頂から南に 7.2°のところにあった．このことは，アレクサンドリアとシエネの緯度の差が 7.2°であることを意味する (図 4.1 参照)．そして，この 2 地点間の距離を，旅行者が要する日数から 5,000 スタジア (スタジアは当時の単位．1 スタジアはだいたい 185m) と見積もった．地球を完全な球と仮定すると，地球の一周の大きさは，5,000(スタジア) × 360° ÷ 7.2° = 250,000(スタジア) となる．これは，現在の距離に換算すると約 46,250 km である．この値は現在知られている値よりも，約 15% 大きな値となっている．誤差としてはやや大きい数字かもしれないが，地球一周の大きさとしてだいたい正しい値を見積もっているという点では，大きな意味をもっている．

4.2　地球は回転楕円体である

回転する地球では遠心力が生ずる．この力は，地球上どこでも同じ大きさではなく，地球の回転軸 (地軸) からの距離が遠いほど大きくなる．すなわち，遠心力は極でははたらかず赤道上で最大になる．また，遠心力の向きは地球の回転軸から遠ざかる方向である．ニュートン (1643–1727) は，遠心力が地球にはたらくことにより，地球の形が極よりも赤道がふくらんだ扁平な回転

4.2 地球は回転楕円体である

楕円体になっていると考えた。回転楕円体とは，赤道を含む (横に切ったときの) 断面図は円であるが，北極と南極を含む (地球を縦に切ったときの) 断面図は楕円になるという立体のことである。1672 年フランスの天文学者リシェー (?–1696) が赤道に近い南アメリカのフランス領ギアナ (4.77°N) で火星の観測を行った際，パリで調整された振り子時計が 1 日に 2 分 28 秒遅れた。この遅れはフランス領ギアナの重力がパリに比べて小さいために起こったものである。地球の中心からの距離が低緯度のほうが大きい，すなわち，地球は回転楕円体であるというニュートンの考えによりこの現象を説明することができる。

地球が扁平な回転楕円体であることは，フランス学士院により行われた 1735 年からの南アメリカのペルーとスカンジナビア半島北部のラプランドにおける緯度 1 度にあたる子午線の長さの測量により実証された。扁平な回転楕円

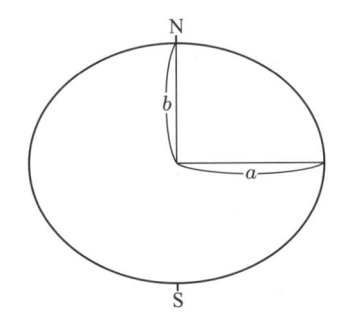

図 4.2　回転楕円体を北極 (N) と南極 (S) を含むように切ったときの断面図。a を赤道半径，b を極半径という。

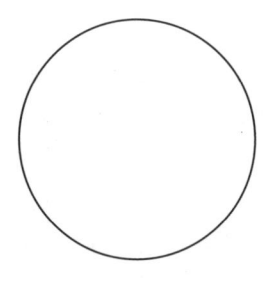

図 4.3　測地基準系 1980 による地球楕円体の北極と南極を含む断面図。縮尺は 4 億分の 1。文中に示したように赤道直径を 3.19cm，極直径を 3.18cm としている。肉眼では円と区別はつかない。

体の場合，緯度が高いほど緯度1度あたりの子午線の長さは長くなる。19世紀に入り精密な測量がしばしば行われ，地球の赤道半径と扁平率が求められている。このように地球を回転楕円体として赤道半径と扁平率を求めたものを地球楕円体という。扁平率 f は，

$$f = \frac{a-b}{a} \tag{4.1}$$

によって定義される量である。ここで，a, b はそれぞれ赤道半径と極半径を表している (図 4.2)。赤道半径と極半径が同じとき (球のとき)，扁平率は 0 となる。また，極半径が 0 のとき (薄い円板を横から見たような状態のとき)，扁平率は 1 となる。すなわち，この扁平率が大きいほうがより平たい回転楕円体になっていることを表している。

現在では，地上での測量に代わり人工衛星がどのような飛び方をしたかを調べて地球の形を決めている。測地基準系 1980 によると，地球の赤道半径は 6,378.137km，扁平率は 1/298.257 である。この値にしたがって極半径を計算すると 6,356.752km となり，赤道半径と極半径の差は，21.385km である。

この差は，いったいどれくらいになるのであろうか。地球の北極と南極を含むような断面図の赤道直径が 3.19cm になるように縮小すると (4 億分の 1 の縮尺)，極直径は 3.18cm となる。このとき両者の差は 0.1mm となり，実際に描いたとしても肉眼では円と区別はつかない (図 4.3)。しかしながら，地図の作成など正確な位置 (緯度・経度) が必要となる場合には，地球を球とするのではなく，地球楕円体を用いる必要がある。

4.3　重力とジオイド

回転楕円体は，幾何学的に定義された立体である。実際の地球には，ヒマラヤ山脈のように 8,000m を超える高い山やマリアナ海溝のように深さ 10,000m を超えるような海溝があるので，地球の形は回転楕円体と完全に一致しているわけではない。正確に地球の形を表現しようと思えば，地球楕円体の表面からどれくらいの高さにあるのかという情報を含める必要がある。しかしながら，我々が用いている高さ (いわゆる標高) は，地球楕円体の表面ではなく，ジオイドとよばれる面を基準として測られている。

4.3.1 重　力

　すべての物体には，物を引きつける力がある。これを万有引力あるいは単に引力という。距離 r だけ離れた質量 m_1 の物体と質量 m_2 の物体の間にはたらく万有引力の大きさ F は，

$$F = G\frac{m_1 m_2}{r^2} \tag{4.2}$$

で表すことができる。この式は，二つの物体の間にはたらく万有引力の大きさが二つの物体の質量の積に比例し，距離の二乗に反比例することを表している。ここで，この式の比例定数 G を万有引力定数という。

　地球上にある物体は，地球からの引力を受ける。また，地球の自転による遠心力が地球上の物体に対してかかることになる。この地球からの引力と地球の自転による遠心力を向きを考慮に入れて足し合わせたものを重力という（図 4.4）。重力は本来力として定義されるが，物体の質量を 1 ととり加速度として表す。その単位として慣習的に gal(=cm/s²) が用いられる。

　前節でも述べたように遠心力は赤道上で大きくなる。その大きさは，引力の 0.3%程度である。また，地球の形が回転楕円体であることから，低緯度のほうが地球の中心からの距離が遠くなり引力は小さくなる。地球を回転楕円体としたとき重力は緯度の関数として表されることになるが，これを正規重力という。測地基準系 1980 による赤道と極における正規重力はそれぞれ 978.033gal，983.219gal である。極の重力は，赤道に比べ約 0.5%大きい。

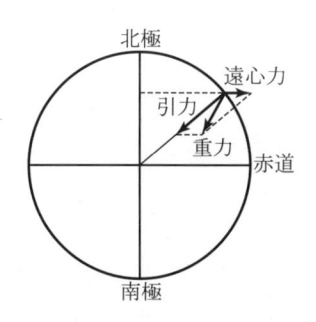

図 4.4　引力・遠心力・重力の関係

4.3.2 ジオイド

2点を比べたときにどちらが高いかということはどのように決めればよいのだろうか。この2点間に板を渡してその上にボールをそっと置いたとき，転がっていく方向にある点が低いことになる。2点の高さが同じときには，ボールはどちらにも転がらない。このとき，板の方向は重力の方向に垂直になっている。

重力の方向を鉛直線の方向といい，重力の方向に垂直な方向を水平方向という。そして，水平方向に広がる面を水平面という。波や流れのない水面(静水面という)は水平面となる。水平面を延長していくと，やがては地球を取り囲むことになる。水平面にはいろいろな高さのものがあるので，地球を取り囲む水平面の数は無限である。このいくつもある水平面の中で，平均海水面(長年にわたって海面の昇降を観測しその平均を取った海水面)と一致するものをジオイドという。物理学的には，ジオイドは重力の等ポテンシャル面のうち平均海水面と一致するものであると表現することができる。

図 4.5 のように，地中に重い物質があるとき，その引力により重力の方向は少しだけ重い物質のほうに傾く。そうすると，水平面は少しだけふくらむことになる。逆に地中に軽い物質があるときは，水平面はわずかにへこむ。ジオイドも同様に地下の質量の不均質に応じて，ふくらんだりへこんだりする。ジオイドは，実際の地形に比べるとなめらかな形をしているはずであるが，地球楕円体と比べると凹凸がある。ジオイドが地球楕円体からどれくらい離れているかは，世界中のいたるところで重力測定を行うことにより，決定することができる。現在では，人工衛星の軌道解析により地球楕円体とジオイドの両方を決定する。図 4.6 は，そのようにして決められたジオイドと地球楕円体との差を示す。ジオイドと地球楕円体との高さの差は，大きくて

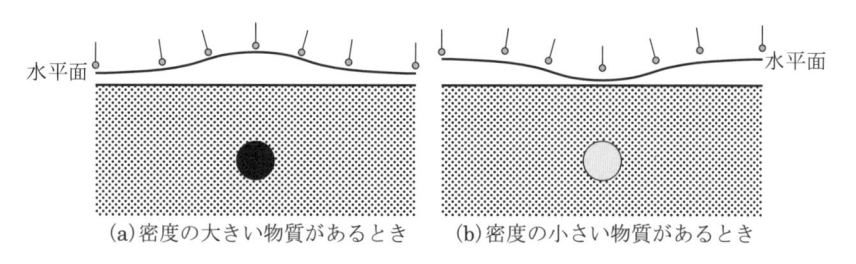

図 4.5 地下の物質に不均質があるときの水平面の起伏

(a) 密度の大きい物質があるとき　　(b) 密度の小さい物質があるとき

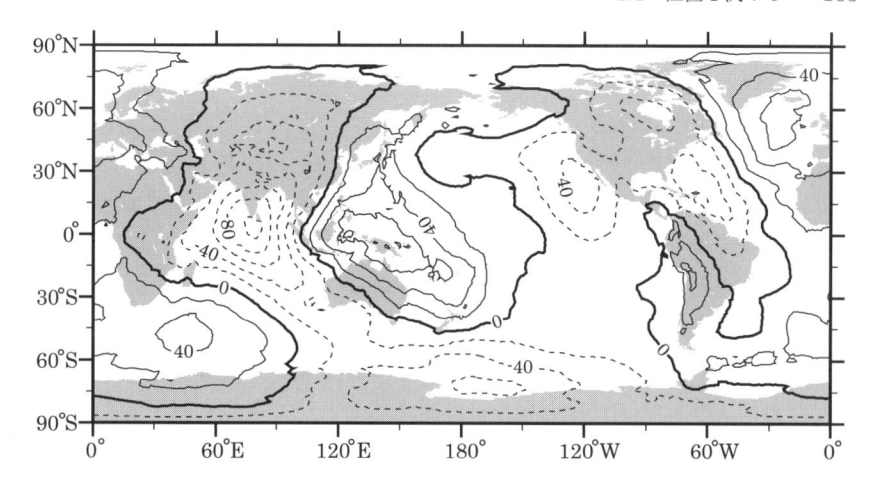

図 4.6 地球楕円体に対するジオイドの高さ。破線はジオイドが楕円体よりも低いことを表す。単位は m。EGM96 モデルによる。

も 100m 程度である。このようにして決定されるジオイドは，地球全体の様子を表すのに適している。日本付近のように狭い範囲でのジオイドを細かく決定するためには，人工衛星により求められた全地球的なジオイドと陸上や海上での重力測定が併せて用いられる。また，最新の日本付近のジオイド (日本のジオイド 96) は GPS(4.4.3 項参照) を用いた観測により決定されている。

4.4 位置を決める

4.4.1 日本の準拠楕円体

地球楕円体は，その重心がジオイドの重心と一致し，高さの差を地球全体について平均したときにゼロとなるように決めることが望ましい。人工衛星でジオイドと地球楕円体を決定するときには，この条件を満たすように決められる。しかしながら，世界各国で測量が始まった時代には人工衛星はまだなく，それぞれの地域でジオイドと地球楕円体を空間的に固定する作業が行われた。このように，ジオイドに対して空間的に固定された地球楕円体を準拠楕円体という。

日本では，地球楕円体としてベッセル楕円体 (赤道半径：6,377,397.155m, 扁平率：1/299.152813) が採用された。天文観測により緯度・経度の位置がわ

かっていた旧東京天文台の子午環の中心点(東経139度44分40秒5020, 北緯35度39分17秒5178)があったところを経緯度原点とし，鉛直線とベッセル楕円体に立てた垂直線を一致させている。そして，旧東京天文台子午環の中心から見た鹿野山(千葉県)一等三角点の方位角を156度25分28秒442と定めている。これを原点方位角という。これは，ちょうど黒板のような面にグラフ用紙をはりつけて座標を決定する作業に似ている。黒板上の座標がわかっている点とグラフ用紙の対応する点を画びょうでまっすぐにとめる。しかしこれだけではグラフ用紙は画びょうを中心に回転してしまうので，ある方向(たとえば座標軸の方向)を定め，もう1本の画びょうでとめる。この二つの作業によりグラフ用紙を黒板に固定することができる。経緯度原点と原点方位角が，日本における位置（緯度，経度）を決定するための基準となっている。

位置を表すためのもう一つの要素は，標高である。標高はジオイドからの高さのことである。1873年(明治6年)から1879年(明治12年)にかけて東京湾(隅田川河口近くの霊岸島験潮所)で行われた潮位観測から平均海面を求め，そこから国会議事堂のそばにある旧陸軍測地測量部構内(現在の尾崎記念公園)まで測量を行い水準原点を設けた。その標高は，現在24.4140mと定められている。そして，水準原点の直下24.4140mでジオイドとベッセル楕円体の表面が一致しているとしている。水準原点設置当時，その標高は24.5000mと決められていたが，その後発生した1923年(大正12年)の関東大地震の地殻変動を考慮して現在の値に改められた。現在，水準原点の標高は油壺験潮所(神奈川県三浦市)の平均海水面を用いて検証されている。

4.4.2 三角測量と水準測量

ある場所の位置（緯度，経度，標高）を決める作業が測量である。三角測量は緯度，経度を決めるための測量であり，水準測量は標高を決めるための測量である。

三角測量を行うためには，まず，なるべく平らな土地を選んで，数kmの基線を設定しその長さを精密に測定する。三角形は一辺の長さと二つの角が決まれば，その形がただ一つに決まる。図4.7に示すように，次に位置を決めようとする点と基線で三角形をつくり基線の両端での角度を測れば，その点の位置を決定できる。また，同時に三辺の長さも決まるので，新たな点に

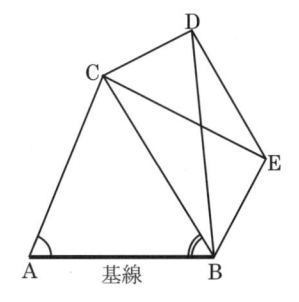

図 4.7 三角測量の原理。AB を基線とする。∠CAB と ∠CBA を測れば，点 C の位置，AC と BC の長さが決まる。同じような作業を繰り返していけば，点 D，点 E の位置を決めることができる。

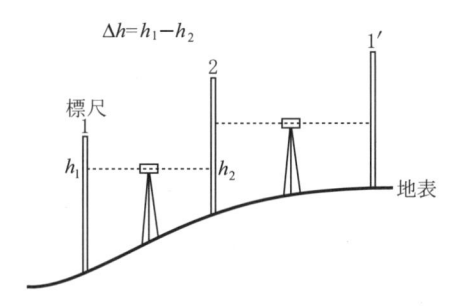

図 4.8 水準測量の原理。二地点間の標尺の目盛の差が高さの差になる。

対しても同様に位置を決定することができる。このような三角形の頂点を三角点といい，見晴らしのよい山の頂上付近に多く設置されている。最初に三角形の辺長が約 45km の一等三角測量により日本全体の位置関係が明らかにされた。次に三角形の辺の長さを徐々に短くしていき，二等三角点，三等三角点，四等三角点が設けられた。それぞれの点の緯度と経度は，経緯度原点の値を基準として決められる。その値は準拠楕円体上の緯度・経度を表す。

水準測量では，二地点間の高さの差を測ることができる。図 4.8 のように，二地点に標尺を立て，その間に水平に保たれた望遠鏡 (水準儀という) を置く。そして，それぞれの標尺の目盛を読み差をとる。この差が二地点間の高さの差となる。この作業を繰り返していけば遠く離れた二地点間の高さの差を求めることができる。この高さのもととなるのが水準原点である。水準測量では水平を利用して高さの差を求めているので，ここで求められた高さはジオイドからの高さということになる。水準測量を行うため国道や主要地方道沿

図 4.9 一等水準点 (横須賀市追浜)。標石の四方 (一つはなくなっている) が保護石で囲まれている (前田直樹撮影)。

いに約 2km の間隔で一等水準点 (図 4.9) が設置されている。

これらの測量を長い間にわたって繰り返し測量することにより，日本列島の地殻の動き (地殻変動) を知ることができる。

4.4.3 電子基準点

最近では，GPS(Global Positioning System，汎地球測位システム) を利用した電子基準点 (図 4.10) が全国約 25km 間隔で約 900 点設置されており，広域地殻変動の監視や各種測量の基準点として利用されている。

GPS はアメリカ合衆国国防省が開発した人工衛星による電波測位システムで，軌道高度約 20,000km の六つの軌道面に 4 個ずつ計 24 個の衛星が配置されている。これらの衛星からの電波を受信し，受信した点の位置や二地点間の距離と方向を決めることができる。

現在地を知るための装置はもち運びが簡単なため，船舶，飛行機をはじめ，自動車，レジャーボート，登山など，一般市民でも手軽に利用することができる。現在地を知るためには，一地点で 4 個の衛星からの電波を受信し，衛星から時刻信号と衛星の位置情報を受け取る。時刻信号の遅れから衛星までの距離を求めることができるので，衛星の位置情報と組み合わせることによ

図 4.10 電子基準点 (横須賀市不入斗運動公園)。GPS 衛星からの電波を受信するアンテナと受信機がタワーに入っている (前田直樹撮影)。

り，受信点の位置を計算で求めることができる。このときの精度は約 10m 程度である。

地殻変動を調べるためには，相対的な位置の変化が重要となる。多地点で同時に受信した電波を解析することにより，相対的な位置を 10 km あたり 1 cm の精度で求めることができる。電子基準点は GPS からの電波を常時受信しているので，日本における日々の地殻変動の様子を知ることができる。これらのデータは地震予知や火山噴火予知のための基礎的な資料として利用されている。

4.4.4 世界測地系への移行

日本で用いている準拠楕円体は，4.4.1 項で述べたように，東京にある原点でジオイドと固定されている。日本では，明治時代にこの準拠楕円体の設定と三角測量による位置の決定を行った。現在用いている緯度・経度はこのときの測量結果がもとになっている。これを日本測地系という。この日本測地系には，明治時代の測量技術の制約のため，東京から離れるにつれて大きな

誤差が含まれている。そして，たびたび発生した大きな地震による地殻変動もこれに加わっている。

東京付近のジオイドは東京湾を中心にへこんでいる。日本で用いられている準拠楕円体はこのような場所でジオイドと固定されたため，その重心がジオイドの重心とは一致していない。GPSでは，その重心がジオイドの重心と一致しているような地球楕円体を用いて，緯度・経度を算出している。このように，世界共通で使うことのできる緯度・経度の決め方を世界測地系というが，上で述べた事情により，日本測地系による緯度・経度は世界測地系による緯度・経度と系統的にずれている。たとえば，東京付近で日本測地系の緯度・経度で表されている地点を，世界測地系の緯度・経度で表すと，経度が約 -12 秒，緯度が約 $+12$ 秒変化する。日本測地系に含まれる誤差を解消し，GPSの普及に対応するため，2002年4月1日から世界測地系へ移行された。

4.5 宇宙技術を利用した測量

(1) SLR (Satellite Laser Ranging, 衛星レーザ測距)

人工衛星に反射プリズムを装備して，地表の少なくとも3点から同時に光波測量を行い，衛星までの距離を測る。これを利用して未知の地点の位置を定めることができる。SLRによれば，数千kmの基線長を数cmの精度で測定することができる。

(2) VLBI (Very Long Baseline Interferometry, 超長基線干渉計)

はるか数億光年離れた準星 (クエーサー) から出された微弱な電波を2地点で観測し，その到達時刻の差を測定する。三つの準星に対して観測を行えば2点間の距離を求めることができる。数千km離れた2地点間の距離を数mmの精度で求めることができる。VLBIはSLRとともにプレート運動の実測に役立つ。

(3) 干渉合成開口レーダ (Interferometric SAR)

合成開口レーダ (SAR, Synthetic Aperture Radar) は人工衛星や航空機に搭載される。マイクロ波を進行方向から直角方向斜め下向きに送信し，地表からの反射波を受信してデータを得る。同じ場所を違う時期に観測した二つのデータを用いることにより，地表の変動を1〜2cmの精度で検出することが

できる。これを干渉合成開口レーダという。この技術を用いると地殻変動を面的に検出することができる。

4.6 重力測定と地下構造

4.6.1 重力測定

　重力の値は，振り子の周期を測定することにより求めることができる。ドイツのポツダムにおいて，可逆振子という振り子を用い，約10年かけて1906年に981.274galという値を得た。1899年，長岡半太郎(1865〜1950)はポツダムと東京を往復して，両者の振り子の周期の比を求めることにより，重力の比を求めた。この測定により，東京大学構内の基準点の重力の値を979.801galとした。前者のように他の地点とは独立に行う測定を絶対測定，後者のように他の地点の重力の値を基準とする測定を相対測定という。

　真空中で物体を自由落下あるいは投げ上げて，落下に要する時間を測定することにより，重力の値を求めることができる。1960年代後半からこのような絶対測定の方法が実用化されている。

　手軽にもち運びのできる重力計では，ばねの伸び縮みを利用して重力の測定を行う。すなわち，おもりをばねにつるしたとき，重力の大きなところではのびが大きくなり，重力の小さなところではのびが小さくなる。そして，基準点との間で相対測定を行う。このような重力計としてラコスト重力計が有名である。この重力計では，$10\mu\mathrm{gal}(1\mu\mathrm{gal} = 10^{-6}\mathrm{gal})$まで十分の精度で測定できるので，地殻変動にともなう重力変化の検出や地下構造の探査に用いられている。

　最も精度の高い重力計として，超伝導重力計がある。これは，超伝導体を電磁力により浮上させ，電磁力と重力とのバランスから重力の変化を測定するものである。この重力計による測定は相対測定であり，定点での重力の時間変化の測定に用いられるが，$\mathrm{ngal}(= 10^{-9}\mathrm{gal})$の精度まで測定することができる。

4.6.2 重力異常

　重力の実測値には，測定場所の高度，地形，地下構造の影響が含まれるので，正規重力と同じになるわけではない。しかし，高度，地形については，重

図 4.11 重力補正

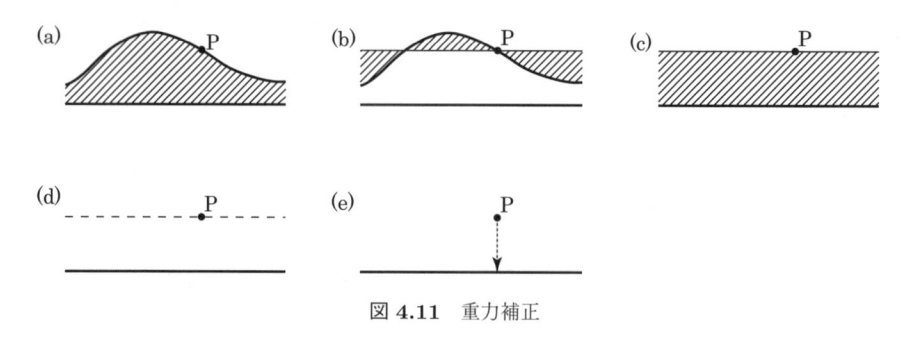

力にどのような影響を与えるかを見積もることができるので，補正を行うことができる．したがって，補正後の重力の値と正規重力との比較を行えば，地下構造の情報を得ることができる．図 4.11 は，重力の測定値に対して行う代表的な補正の様子を示している．

(1) 地形補正 [(b) から (c)]

測定点よりも高い部分にある質量を取り除き，取り除いた部分と同じ密度の物質で低い部分にある空白をうめた場合を考えて，重力の補正を行う．地形補正後，測定点は平らな地形の上にある状態と同じになっている．

(2) ブーゲー補正 [(c) から (d)]

測定点と基準面の間にある物質からの引力を取り除く．ブーゲー補正後，測定点は空間に浮かんだ状態になる．

(3) フリーエア補正 [(d) から (e)]

重力は高度が高くなると小さくなるので，その分を加えて基準面上の重力の値を求める．

これらの重力補正を行った後の測定値と正規重力の値の差をブーゲー異常という．ブーゲー異常は地下の質量分布の不均質を表す量である．地下に平均よりも重い物質があるときは正の異常を示し，軽い物質があるときは負の異常を示す．ある地域について，多数の点で重力測定を行い，ブーゲー異常を求めることにより，地下の密度構造を知ることができる．

参考文献

EGM96, The NASA GSFC and NIMA Joint Geopotential Model：
　　　　http://cddisa.gsfc.nasa.gov/926/egm96/egm96.html
　　　　および http://www.nima.mil/GandG/wgs-84/egm96.html
藤井陽一郎，藤原嘉樹，水野浩雄：地球をはかる (新版地学教育講座1)，東海大学出版会，1994．
萩原幸男：地球重力をさぐる，講談社 (ブルーバックス)，1976．
国土地理院ホームページ：http://www.gsi.go.jp/
ウィルフォード (鈴木主税訳)：地図を作った人びと，河出書房新社，1988．

第5章

グローバルテクトニクス

　テクトニクスとは，大地の成り立ちとその変動の様子について研究する学問分野である．構造地質学あるいは造構論と訳されることがあるが，このまま使われることが多い．1960年代にプレートテクトニクスの考えが提唱され，造山運動や巨大地震の発生が全地球的な立場で理解されるようになってきた．そういう意味でグローバルということばがつけてある．

　プレートテクトニクスの発展過程において，古地磁気学の成果が大きな役割を果たしている．したがって，この章ではまず地磁気について述べ，その後，プレートテクトニクスに至るまでの歴史，また，最近提唱されているプルームテクトニクスについて述べる．

5.1 地磁気

　磁石の針(磁針)が南北を指すという性質はよく知られている．磁石にはN極とS極があるが，北を向くのがN極，南を向くのがS極である．N極とS極は引き合い，N極とN極，S極とS極は反発するという性質がある．磁針がなぜ南北を指すのかということに対して，ギルバート (1540–1603) は地球が大きな磁石になっているからであるという解答を与えた．北極がS極，南極がN極となっていれば，N極が北，S極が南を向くことになる．また，ガウス (1777–1855) は，1839年，当時利用することのできた91ヶ所での観測結果を用いて地磁気の原因は地球内部にあることを証明し，地球の中心に地球の

自転軸に対して約 11°傾いた軸をもつ棒磁石を置いたときの磁場とほとんど同じであることを明らかにした。地球の外核 (深さ約 2,900km から約 5,100km まで；図 1.3) では，液体になっているが，その成分は鉄・ニッケルの金属である。地磁気はこの外核内の液体金属の複雑な運動により引き起こされている。

5.1.1 偏　　角

磁針は南北を指すと述べたが，正確には地理上の両極 (地球の自転軸と地表の交点) の方向を指しているわけではない。日本付近では，真北 (地理上の北極の方向) より西のほうへ磁針が振れる。国土地理院の発行している地形図には，その欄外に「磁針方位は西偏約 7°10′」(10,000 分の 1 地形図　追浜：平成 16 年発行　より) のようにその場所での磁北 (磁針の示す北) と真北の差が示されている。この磁北と真北のずれの角度を偏角という。この偏角を世界中についてみると，図 5.1 に見られるように，カナダの北と南極大陸の中に等偏角線が集まっている。この点の近くでは，もはや磁針が南北を指すとはいえなくなっている。

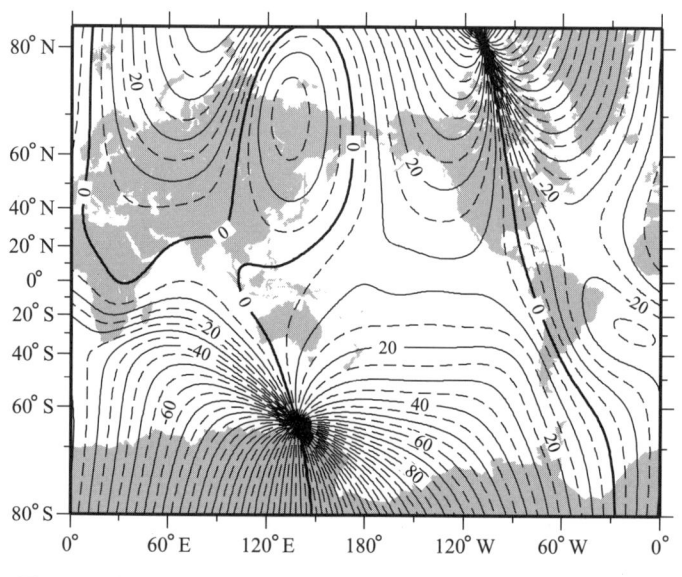

図 5.1　世界の地磁気偏角分布 (IGRF2000 モデルによる)。単位は度。

5.1.2 伏　　角

　磁針の重心を支えると北半球では北下がりになる。鉛直面内で磁針が自由に回転できるようにしたとき，水平からのずれの角度を伏角という。伏角は赤道付近ではほぼゼロであるが，高緯度になるにつれて大きくなる。東京付近で約 48°，札幌で約 57° である。我々が日常使っている磁針 (コンパス) は，あらかじめ伏角があることを考慮に入れ，水平を保つようにつくられている。伏角は図 5.2 に示した+印の点で，+90°，−90° になる。伏角が +90° であるとは，N 極が真下を向く状態であり，−90° のときは S 極が真下を向く。この二つの点は，図 5.1 で等偏角線が集まっている点と同じである。このような点を磁極という。

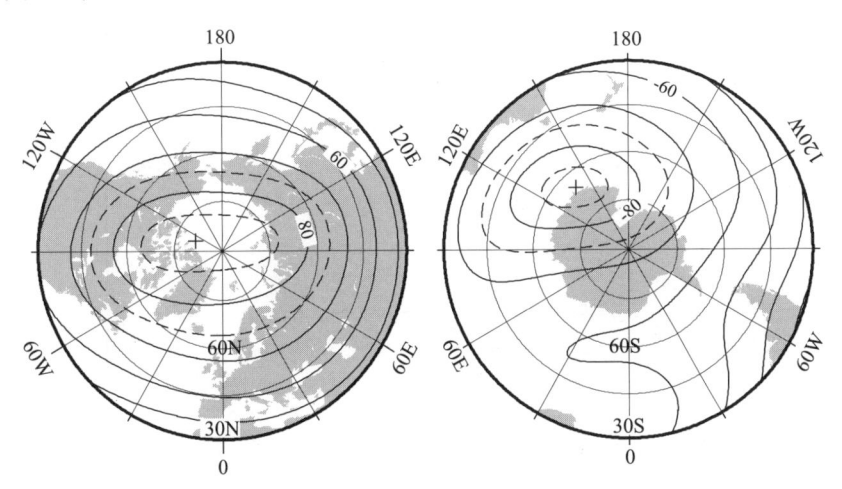

図 5.2　世界の地磁気伏角分布 (IGRF2000 モデルによる)。単位は度。+で示した点が磁極である。

5.1.3 全　磁　力

　地磁気は方向と大きさをもった量 (ベクトル量) である。方向については，前述した偏角と伏角により表すことができる。一方，地磁気の強さは地磁気ベクトルの大きさで表される。これを全磁力という。全磁力を水平面および鉛直面に投影したとき，それぞれの成分を水平分力，鉛直分力という (図 5.3)。

　偏角や伏角の測定に比べて，地磁気の強さの測定法は遅れて開発された。その絶対測定を実用化したのはガウスの業績である。現在では，プロトン磁

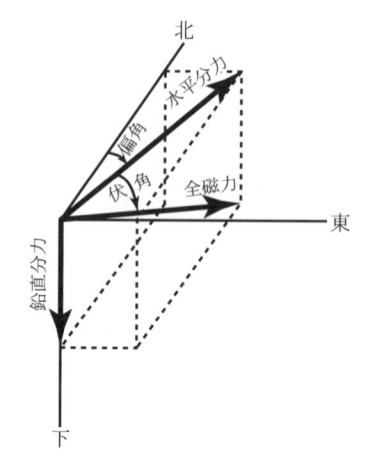

図 5.3　偏角，伏角，全磁力

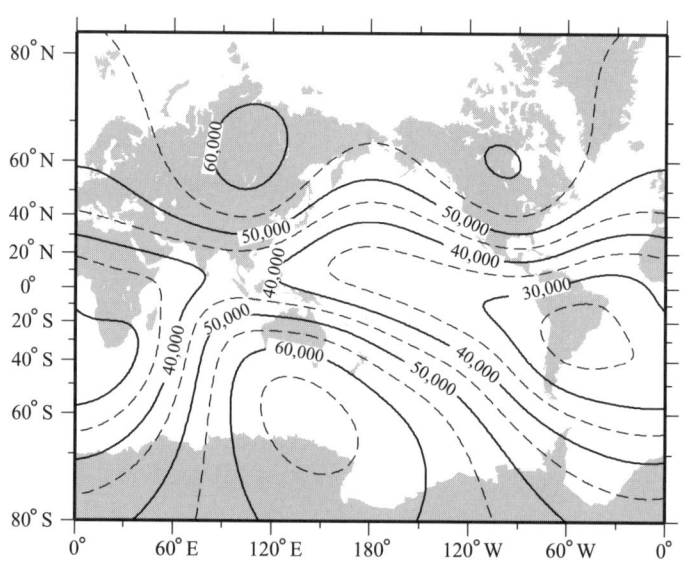

図 5.4　世界の地磁気全磁力分布 (IGRF2000 モデルによる)。単位は nT。

力計，光ポンピング磁力計，フラックスゲート型磁力計などにより，全磁力の測定がなされている．全磁力も地球上の場所により異なり，概して赤道付近で弱く (約 30,000nT(ナノテスラ))，極地方で強い (約 60,000nT)(図 5.4)．

　偏角，伏角，全磁力により，その場所の地磁気を完全に記述することがで

きるので，これらを地磁気の三要素とよぶことがある。

5.1.4 地磁気の永年変化

ある地点における地磁気はいつでもまったく同じというものではない。その中でも長年にわたる変化を永年変化という。日本付近では，17世紀初めからの測定記録が残されている。図5.5に見られるように，長い年月の間に東偏から西偏へと変わっている。ロンドンでは16世紀から，中国では8世紀からの記録が残されているが，ロンドン，中国ともに，偏角は30°くらいの幅で変化している。これらの偏角の永年変化は変化はまったく同じではなく，地域によって異なっている。

地磁気は地球の中心に棒磁石を置いたとすると，その大部分を説明できると述べた。その棒磁石の強さは磁気モーメントという量によって表される。

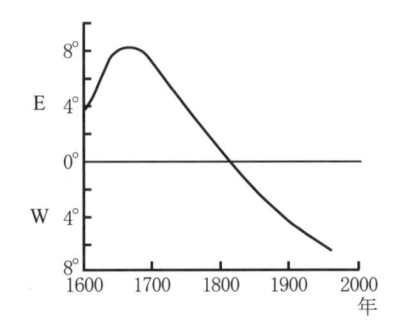

図 5.5 日本における偏角の永年変化 (今道, 1956)

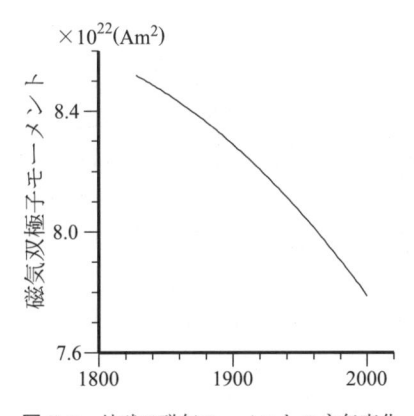

図 5.6 地球の磁気モーメントの永年変化

磁気モーメントは，図 5.6 に示すように単調に減少している。この減少は大きく，100 年間に約 5%の割合で減少している。もしこの割合で減少が進めば，2,000 年後には地磁気が消失することになる。

このように地磁気は人間の歴史のタイムスケールで見ても十分大きな変化をしており，地球の歴史というタイムスケールから見ると，地磁気の永年変化は非常に速いという特徴をもっている。

5.2 古地磁気学

5.2.1 岩石磁気

岩石には，その岩石ができた当時の地磁気が記録されている。これを自然残留磁気という。その中でも，溶岩が冷えて固まった岩石である火山岩にはできた当時の地磁気が安定して残されている。

磁石を熱すると磁性 (磁石になる性質) を失う。火山岩でも一定の温度 (ふつう数百°C，キュリー点という) を超えると磁性を失うが，溶岩が冷えて固まるときに磁性をとりもどす。そして，地磁気の方向と同じ方向の磁石となる。このようにして取り込んだ磁気を熱残留磁気といい，極めて安定な磁気であることが知られている。したがって，火山岩の磁気を測れば，その火山岩ができた当時の地磁気を知ることができる。このように，火山岩などに残された残留磁気から昔の地磁気を探る学問分野を古地磁気学という。

5.2.2 地磁気の逆転

古地磁気学の成果の一つに地磁気の逆転を明らかにしたことがあげられる。地球の岩石の中には，現在の地磁気とほぼ反対方向に帯磁した岩石がある。松山基範 (1884–1958) は，日本，朝鮮，旧満州などの岩石試料の磁気を測定した結果，現在の地磁気と逆向きになっている例を多く発見し，1929 年の論文で地質時代の第四紀の初め (約 150 万年前) には，地磁気が逆転していたのではないかという見解を示した。第二次世界大戦後，古地磁気の研究が盛んになり世界各地で採取された岩石について残留磁気が調べられるようになってきた。また，1960 年代に入り，放射性同位元素を用いた年代決定法の一種であるカリウム－アルゴン (K–Ar) 法により，岩石の年代決定精度が著しく向上したため，長い年代における地磁気の変化の歴史が明らかになってきた。

5.3 大陸移動説　119

```
0       1       2       3       4百万年
N   RN  R   N   R   N  RN  R
```

ブリュンヌ期　　松山期　　ガウス期　ギルバート期

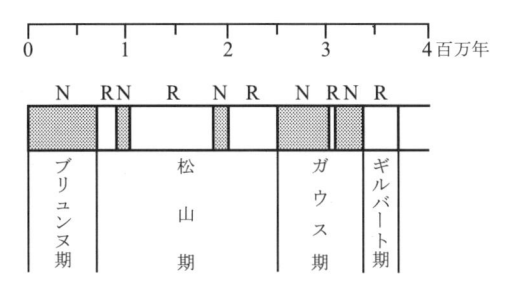

N：正磁極（現在の地球磁場と同方向）
R：逆磁極（現在の地球磁場と反対方向）

図 5.7　過去 360 万年における地磁気の方向 (Cox ら, 1964)

　図 5.7 に，過去 360 万年における地磁気の方向を示す．正磁極 (現在の地磁気と同方向)，逆磁極 (現在の地磁気と反対方向) の時期が長く続いた期間については，それぞれ，ブリュンヌ期，松山期，ガウス期，ギルバート期と岩石磁気学や地球磁気学に功績のあった人の名前がつけられている．

5.3　大陸移動説

5.3.1　大陸移動説の提唱

　世界地図を見たとき，南北アメリカ東岸とヨーロッパ・アフリカの西岸の海岸線が似ており，大西洋両岸の大陸を合わせるとジグソーパズルのようにぴったりと合いそうだという感想をもつ人は多いだろう．とくにヨーロッパで使われる世界地図は大西洋中心に描かれているのでそういう印象をもちやすかった (図 5.8，図 5.9)．

　このような発想をいくつかの証拠をあげて科学的な説としたのは，ウェゲナー (1880–1930) である．彼は 1912 年「大陸と海洋の起源」を著し，いわゆる大陸移動説を提案した．ウェゲナーは，大陸間で見られる地質構造の類似，化石の分布，氷河の痕跡などを例にあげ，これらをうまく説明するために，古生代石炭紀後期 (約 3 億年前) の頃には，現在の諸大陸はパンゲアという名前の一つの巨大大陸 (超大陸) であり，時代が進むにつれて分裂し現在の大陸の配置に近づいていったと考えた．しかしながら，大陸を動かす原動力の説明ができないということが最大の弱点となり，1930 年代になると学界から忘れ去られてしまった．

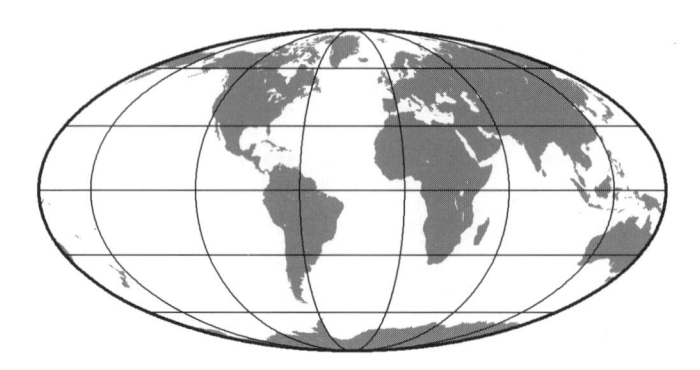

120　第 5 章　グローバルテクトニクス

図 5.8　大西洋中心の地図

■重なるところ
▨すきま

図 5.9　Bullard ら (1965) による大西洋両岸の大陸パズル合わせ。海岸線ではなく 1,000 尋 (ひろ)(約 1,800m) の等深線を用いている。

5.3.2 大陸移動説の復活

大陸移動説は古地磁気学により 1950 年代末に強力な証拠が与えられ，復活することになる。古地磁気学の進展とともにいろいろな場所における多くの岩石について，その帯磁方向が測定されるようになった。ある場所で岩石を採集し，その偏角と伏角を測定することにより，岩石ができた当時の地磁気極 (古地磁気極) を求めることができる。いろいろな地質時代 (図 5.10 参照) の岩石について古地磁気極を求めると，第四紀や第三紀の末期のように比較的新しい時代の試料については，現在の極に近いところに求められるが，中生代や古生代の試料から求めた極は，現在の極から大きくずれている。

時代による極の変化を調べた結果，ヨーロッパの地層と北アメリカの地層から求めた極移動 (図 5.11(a)) を見ると，地磁気の北極は時代とともに赤道付近から現在の北極へと向かって移動している。しかし，この二つの極移動の様子は一致していない。地磁気が現在と同じようなしくみで発生しているとすると，極は北極と南極の二つだけのはずであるが，図 5.11(a) は北極が二つあることを意味する。さらに，測定された大陸が違えば，極の移動曲線はまちまちであることがわかった。かつて地磁気の極がこのように複数あったとは考えにくく，これらは単なる極移動ではなく，大陸が移動したと考えざるを得なくなった。たとえば，図 5.11(b) は北大西洋を閉じたときの極移動曲線であるが，古生代シルル紀から中生代三畳紀までの長い期間について 1 本にまとまってしまう。この期間については，ヨーロッパと北アメリカが一つであり，二つの曲線が離れていく中生代ジュラ紀頃から分裂が始まったと考えるとつじつまが合う。このような強力な物的証拠を得て，大陸が移動す

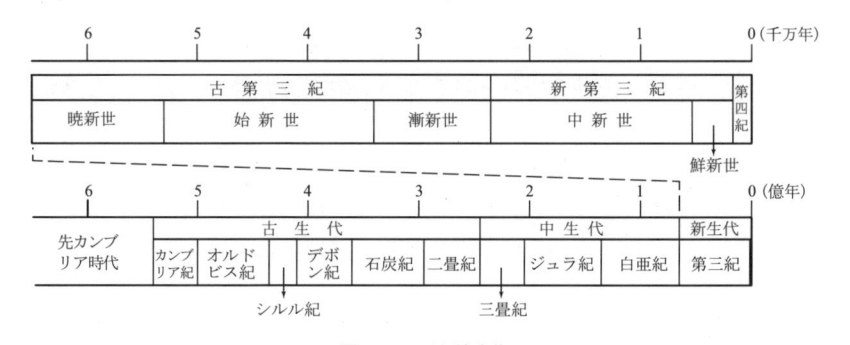

図 5.10 地質時代

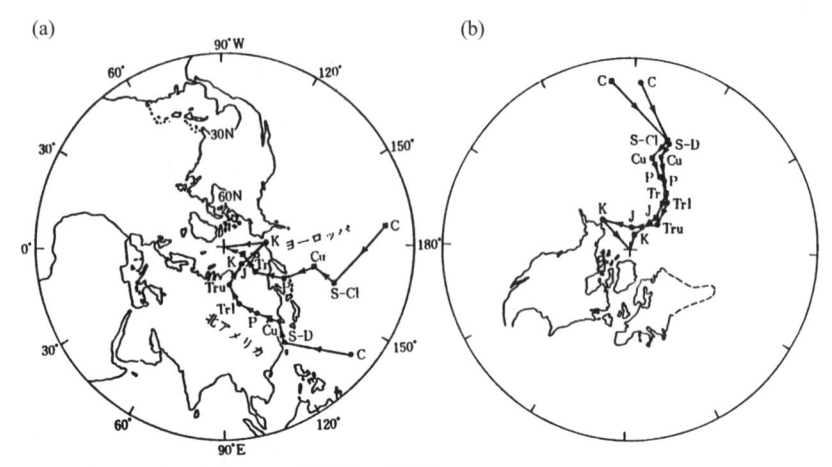

K：白亜紀，J：ジュラ紀，Tr：三畳紀(Tru は上部，Trl は下部)，P：二畳紀，Cu：石炭紀上部，S-D：シルル－デボン紀，S-Cl：シルル－石炭紀下部，C：カンブリア紀

図 5.11 (a) ヨーロッパおよび北アメリカの地層から求められた極移動，(b) 大西洋を閉じたときの極移動曲線 (McElhinny, 1973)

るという考えが再び見直されるようになった。

5.4 海洋底拡大説

5.4.1 マントル対流

　マントルでは対流が起こっている。これをマントル対流という。もともとは 1929 年にホームズにより提唱されたものである。地球の内部は，地殻・上部マントル・下部マントル・外核・内核に分けられる。これらの内部構造は地震波の伝わり方から決定されたものである。地震波を使って調べたとき，外核は液体であるがそれ以外はすべて固体であることがわかっている。

　水の入ったビーカーをガスバーナーで熱したとき，ビーカー内に水の流れが生じ，その熱は伝えられる。このような熱の伝わり方を対流という。マントルは地震波のような短い時間の変動に対しては固体としてふるまうが，地質学的な長い時間スケールで見れば液体のようにふるまい，マントル内でも対流によって熱の移動が行われているというわけである。

5.4.2 アイソスタシー

マントルが液体のようにふるまう例として，アイソスタシー(地殻均衡)という現象がある。これは，ちょうど水に浮かぶ氷のように，密度の大きなマントルに密度の小さな地殻が浮かんで力学的につりあいが取れているという現象である。結果として，ヒマラヤ山脈のように非常に高い山のあるところでは地殻の底がマントルまでめり込むような形となり，地殻が厚くなる。

現在，アイソスタシーを回復しつつある例もある。水の中に浮かんだ氷を上から押さえつけ，手を離すと瞬時に氷は浮かび上がりつりあいが取れた状態になる。地球の場合には，氷河や氷床が地殻を上から押さえつける力となる。最終氷期の最盛期であった約 18,000 年前には，北アメリカの北半分，グリーンランド，スカンジナビア半島などが氷床におおわれていた。その厚さは，厚いところでは数 km に及んだ。今からおよそ 10,000 年前になると，これらの氷は急速に融け始め，上から押さえつける力がなくなった。それにより地殻が隆起を始めるのだが，水と氷の場合と違い非常に長い時間がかかる。スカンジナビア半島では，現在でも大きいところで 100 年間に 1m の割合で隆起が起こっている。

5.4.3 海洋底の拡大

1950 年代に入り海における調査が進み，海底地形，磁力，重力，熱流量などの観測が行われるようになった。その中でも基本的なものは海底地形である(口絵 3)。海底は決して平らではない。大西洋やインド洋の中央付近には延々と続く海底山脈が見られる。太平洋では中央ではないがやはり同様な海底山脈が見られる。このような海底山脈を中央海嶺とよぶ。この海底山脈は火成岩からできている。大西洋中央海嶺の断面には，図 5.12 に示すように，その中央に幅 10〜50km，深さ約 2km の中軸谷とよばれる峡谷がある。ちょうど両側へ引っ張られているように見える。この中央海嶺はマントルから高温物質がわきあがるところであり，ここで新しい海洋底ができ，その海洋底が徐々に両側へ広がっていく，という考えが 1960 年代初めにヘスやディーツにより提唱された。

海底地形でもう一つ特徴的なものは海溝である。日本周辺では，千島・カムチャッカ海溝，日本海溝，伊豆・小笠原海溝，西南諸島 (琉球) 海溝などがある。この中では，伊豆・小笠原海溝の中に水深 9,780m の場所がある。全世

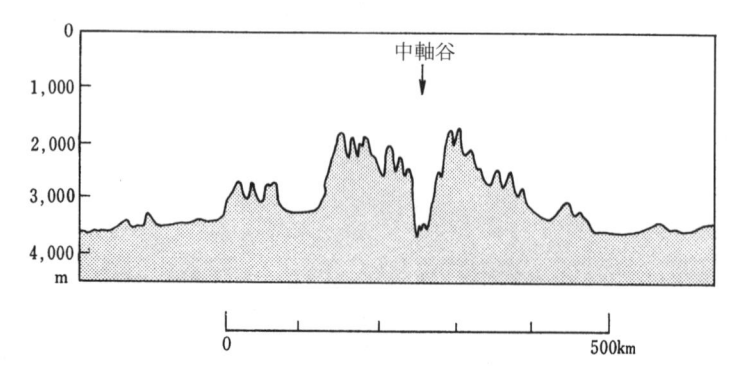

図 5.12 大西洋中央海嶺の横断面 (Heezen, 1962)

界で見ると，マリアナ海溝の中の水深 10,920m が最も深い場所である．海溝の分布を見てみると，大洋の端にあることが多い．この海溝をマントル対流の沈み込むところと考え，海洋底は中央海嶺で生まれ，海溝でマントルの中に沈み込み消滅すると考えた．このような考えを海洋底拡大説という．

　海洋底拡大説の考え方にしたがうと，海洋底は次から次へと新しくなっていることになる．海洋底の年齢は，最も古いところで約 2 億年であることが調べられている．地球の年齢が約 45 億 5000 万年，最も古い大陸の岩石の年齢が約 38 億年であるから，それらと比べると海洋底の年齢は断然若い．そういう観点から，海洋底拡大説は海洋底更新説といわれることもある．

　ウェゲナーが考えた大陸移動説では，大陸が海の中を進んでいくというイメージであったが，海洋底拡大説では，移動する海洋底の上に大陸があれば，海洋底とともに移動するという考え方になる．

5.4.4　地磁気異常の縞模様

　中央海嶺の上で地磁気の測定を行ったところ，地磁気の強弱が交互に繰り返すという非常に規則正しい縞模様の異常が見つかった (図 5.13)．これは 1950 年代のことである．この異常は海嶺を中心として対称性を示している．この地磁気異常の縞模様を説明するために，1963 年ヴァインとマシューズは，地磁気の逆転とマントル対流のわきあがりを組み合わせることにより説明した．地球内部からわきあがってきた高温の物質が冷却して玄武岩となる．その際，そのときの地磁気の方向に帯磁する．そして，海嶺を中心として左右に分かれ

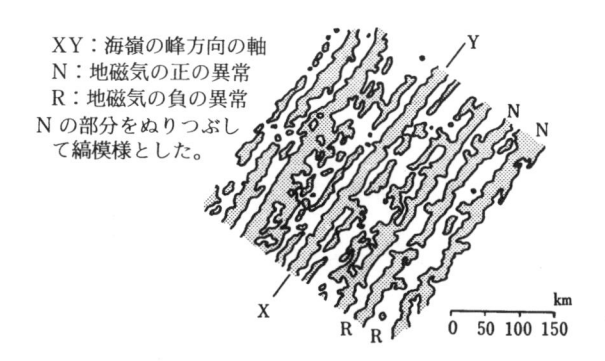

```
XY：海嶺の峰方向の軸
N：地磁気の正の異常
R：地磁気の負の異常
  Nの部分をぬりつぶし
  て縞模様とした。
```

図 5.13　中央海嶺における地磁気の異常 (Heirtzler, 1966)

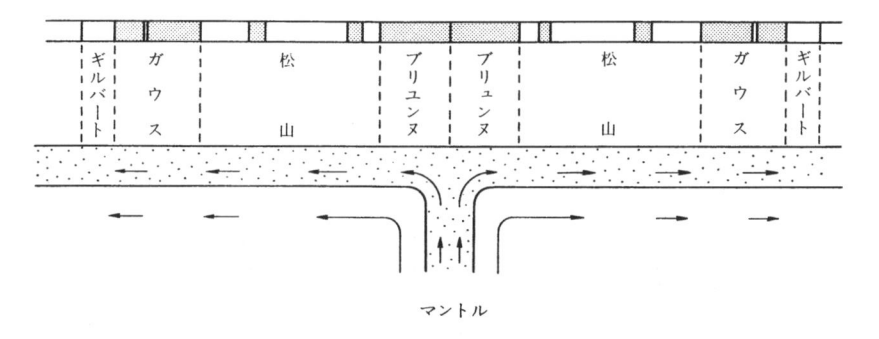

図 5.14　テープレコーダモデル。地磁気異常の縞模様をマントル対流と地磁気の逆転により説明した。

ていけば，正磁極のときにはできた岩石の上では正の異常として，逆磁極のときにできた岩石の上では負の異常として観測され，地磁気異常の縞模様ができるとした。実際，観測された縞模様は地磁気の逆転史とみごとに一致する。岩石ができた当時の地磁気を記録しながら海底が動いていくので，テープレコーダモデルとよばれることもある (図 5.14)。

　中央海嶺がマントル対流のわきだし口であるという新たに提唱された考えと，すでに明らかになっていた地磁気の逆転という現象を組み合わせることにより，実際に観測されていた地磁気異常の縞模様を説明できるということで，マントル対流の存在が認知されるようになった。

　地磁気の逆転については陸上の岩石から年代が決定されているので，海嶺

からの距離と地磁気の縞模様を調べることにより海底の拡大の速さを見積もることができる。東太平洋にある中央海嶺で拡大速度が最も速く，年間10数cm程度である。

5.5 プレートテクトニクス

5.5.1 プレートテクトニクスとは

海洋底拡大説をさらに進め，1967年から1968年にかけて，モーガン，マッケンジー，ルピションによりプレートテクトニクスという考えが提唱された。これは地球表面の厚さ100km程度の部分はプレートといわれる約10個の変形しない板状ブロックに分かれており，造山運動，巨大地震の発生，火山の活動などの現象をプレート相互の運動によって説明しようというものである（図5.15）。

中央海嶺でわきあがったマントルからの高温物質は表面で冷えて固くなり，新しい海底となる。この固い部分は両側に広がる際に徐々に冷やされるため，だんだんその厚さが厚くなる。この固い部分をリソスフェア，その下の固くない部分をアセノスフェアという。この固い部分がプレートにあたる。リソ

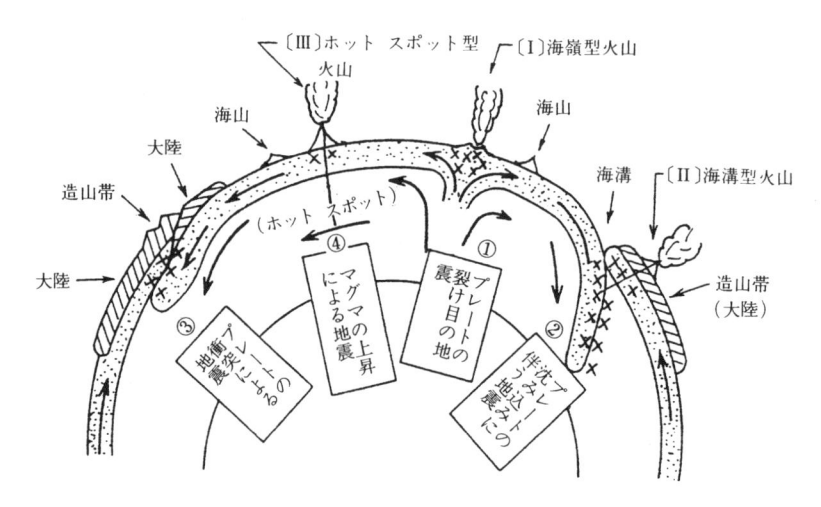

図 5.15 プレートテクトニクス概念図。プレートの運動やマグマの供給によって，地震の発生，火山の分布，造山運動を説明する。

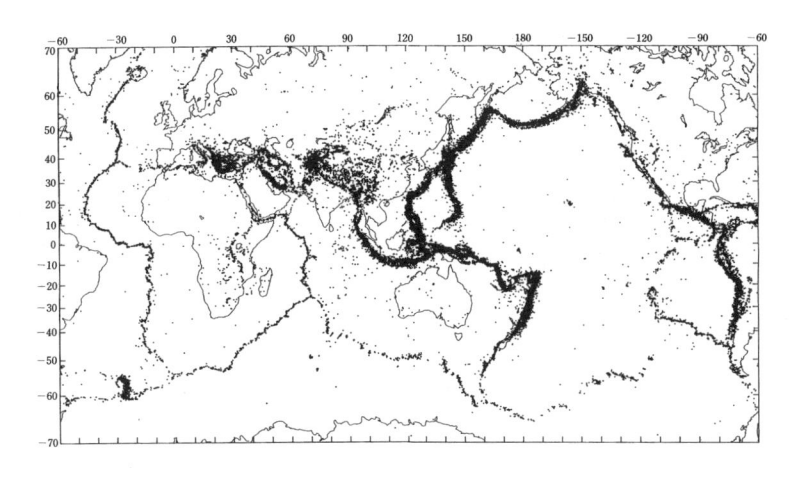

図 5.16 世界の地震の震央分布 ($M \geqq 4.0$, 深さ 100km 以下, 1975〜1994 年)(理科年表)

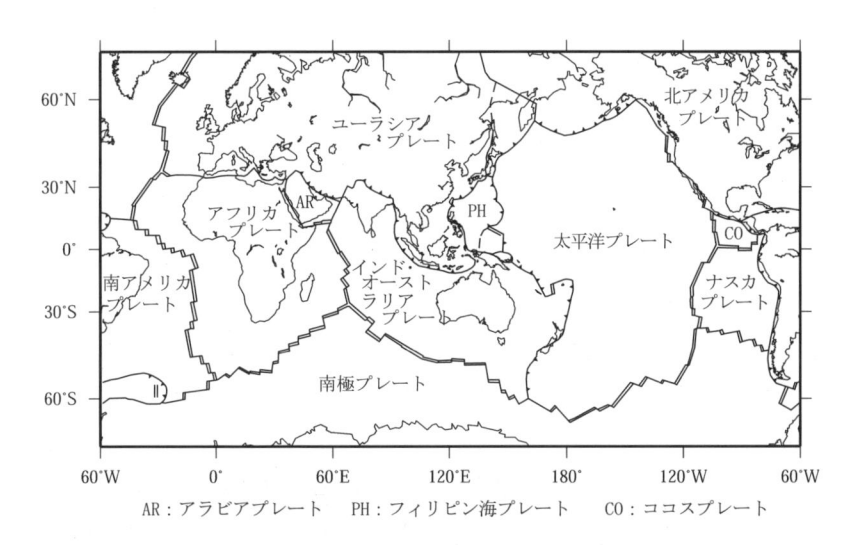

AR：アラビアプレート　　PH：フィリピン海プレート　　CO：ココスプレート

図 5.17 地球をおおうプレートの概略

スフェアは地殻とマントルの上部を含むことになる．地殻とマントルの境界は地震波で見たとき速度が急に変わるところ，すなわち，物質の境界となっている．一方，リソスフェアとアセノスフェアは固いか固くないかという力学的な性質によって分けられる．

　図 5.16 は，世界で発生している地震の震央分布である．この図を見ると，

地震の震央は，中央海嶺や海溝のあるところに分布しており，線状の分布をしている。逆に大陸や太平洋の中央部などではあまり発生していない。地震は，大地のひずみ(変形の度合)を破壊によって解放する現象である。したがって，地震のない部分では変形は起こっていないことになる。この線状の地震の震央分布がプレート境界にあたる。このような地震の分布や変形なしに運動しているかどうかということをもとにして，プレートの境界を決める(図5.17)。

5.5.2 プレート境界

プレート境界における相互の運動には，① 二つのプレートが遠ざかる(発散型境界)，② 二つのプレートが近づく(収束型境界)，③ 二つのプレートがすれちがう(平行移動型境界)，の三つのタイプがある。前に述べた中央海嶺は発散型境界，海溝は収束型境界にあたる。

(1) 発散型境界

中央海嶺には，海底火山が存在する。世界の火山で発生するマグマ量の約8割は，この海嶺にある海底火山によるものである。中央海嶺には，中軸谷が見られることがある(図5.12)。大西洋中央海嶺を見ていくと，アイスランドがその上にある。また，アフリカの東を通る中央海嶺は，アラビア半島の南で一方は紅海へ，一方はアフリカ大陸の中へと続いている。陸上で見ると，どちらも地溝帯を形成し，アイスランドではギャオ，アフリカ東部のものは大地溝帯とよばれている。どちらも，谷をはさんで両側へと1cm/年くらいで広がっている。アフリカでは，中央海嶺の上陸地点で海水の進入が始まっており，将来的には，アフリカの東の部分が分裂することが予測されている。

(2) 収束型境界と造山帯

大陸を上にのせたプレートを大陸プレート，上に大陸がないプレートを海洋プレートという。大陸プレートと海洋プレートがぶつかる場合，海洋プレートが大陸プレートの下に沈み込む。また，海洋プレートと海洋プレートがぶつかる場合には，古い海洋プレートが新しい海洋プレートの下に沈み込む。海溝はこのようなプレートの沈み込みにより形成される。環太平洋地域では，海洋プレートの沈み込みによる海溝や島弧，陸弧が見られる。日本列島は島弧の例である。海溝がある場所では，$M8$ クラスの巨大地震が発生する。また，プレートの沈み込みにともない，深いところまで地震の震源分布が見ら

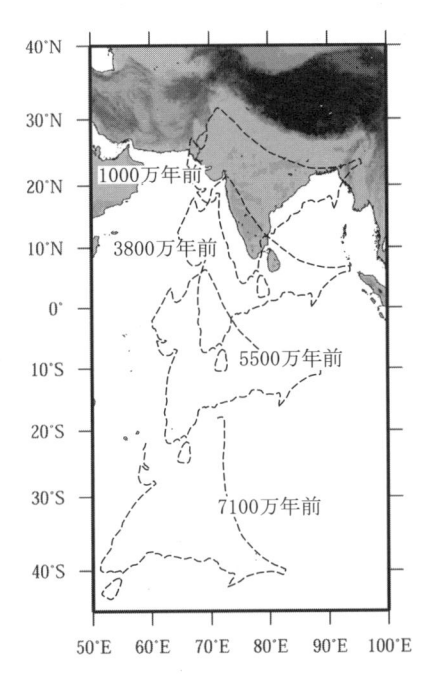

図 5.18 インド大陸の北上 (Molnar ら，1975)。ユーラシア大陸に対するインド大陸の動き。ここでは，ユーラシアプレートは動いていないものとしている。

れる。これを深発地震面 (和達・ベニオフゾーン) という。深発地震面がどれくらいの深さまで続いているかは，場所によって違うが，最も深いところで約 600km である。また，深発地震面の深さが 100km から 150km になると火山の分布が見られるようになる。

大陸プレート同士がぶつかった場合には，大陸が重なり合い高い山脈が形成される。ヒマラヤ山脈は南から北上してきたインド大陸がユーラシア大陸にぶつかったために，隆起してできた山脈である (図 5.18)。

山脈をつくる地殻運動のことを造山運動，造山運動の激しい地帯を造山帯という。新生代の代表的造山帯として，日本列島を含む環太平洋造山帯とアルプス－ヒマラヤ－インドネシアへと続く造山帯がある。これらの造山帯は収束型プレート境界に位置しており，これらの造山運動は近づいてくるプレートにより引き起こされている。

(3) 平行移動型境界（トランスフォーム断層）

　海底地形を見ると，中央海嶺の軸が横方向にずれており，その間に海嶺の軸に直角な方向の断裂帯があるのがわかる。図 5.19 に示すように，中央海嶺からプレートが両側に広がっていくので，二つの中央海嶺を結ぶ断裂帯では，そこを境にして動きの向きが反対になり，くいちがいを生じている。このようなくいちがいを生じている部分のことをトランスフォーム断層とよぶ。トランスフォーム断層はプレートとプレートがすれちがっている境界，すなわち，平行移動型境界にあたる。

　北アメリカ西岸にあるサンアンドレアス断層は陸上にあるトランスフォー

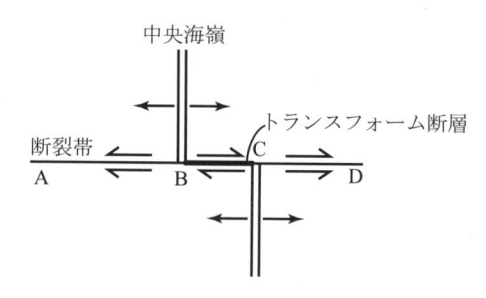

図 5.19　トランスフォーム断層の模式図。断裂帯の BC 間だけでくいちがいを生じている。この部分をトランスフォーム断層という。

図 5.20　サンアンドレアス断層

ム断層として最も有名である (図 5.20)。この断層の東側は北アメリカプレート，西側は太平洋プレートである。サンアンドレアス断層上では，数々の大きな地震が発生している。

5.5.3 日本付近のプレート

日本付近には，ユーラシアプレート，北アメリカプレート，太平洋プレート，フィリピン海プレートの四つのプレートがある (図 5.21)。プレートの分け方により，ユーラシアプレートはアムールプレート，北アメリカプレートはオホーツクプレートとよばれることがあるが，日本付近での境界の位置は変わらない。太平洋プレートが北アメリカプレート，フィリピンプレートの下に，フィリピン海プレートがユーラシアプレート，北アメリカプレートの下に沈み込んでいる。1983 年に日本海中部地震が発生したが，北アメリカプレートとユーラシアプレートの境界はちょうどこの頃から日本海を通っているとされるようになった。1983 年日本海中部地震や 1993 年北海道南西沖地震の起こり方からユーラシアプレートが北アメリカプレートの下に沈み込んでいると考えられている。

日本は東北日本が北アメリカプレートに，西日本はユーラシアプレートに属している。伊豆半島はフィリピン海プレートに属しているが，これはフィ

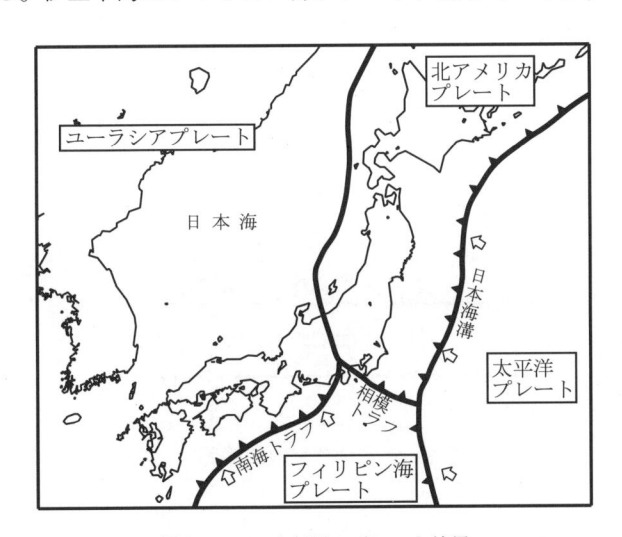

図 5.21　日本付近のプレート境界

リピン海プレートの上にあった島が北上にともない，100万年前頃から日本と衝突したものである。富士山や箱根火山はその影響により生じた。

5.5.4　ホットスポットとプレートの絶対運動

　ハワイ諸島は火山活動によりできた島々である。現在活動中なのは，ハワイ島にあるキラウエア火山である。その他の島では，現在火山活動は行われていない。火山の形成された年代を測定すると，西から東へ向かって新しくなっている。ハワイの火山の生成についてホットスポットという考えが提唱された。ハワイは西北西に進む太平洋プレートの上にある。そのプレートの下から常にマグマの供給があり，プレートを貫いて火山を出現させる。このマグマの供給源は，プレートとともに移動せず，地球に固定されているとすると，図5.22に示したように，西から東へと火山活動の場は移っていくことになる。このようにプレートの動きとともに移動しないマグマの供給源をホットスポットという。ホットスポットを動かないものとすれば，プレートの絶対運動を推測することができる。海底地形を見るとハワイ島を起点として西北西へと続く海底火山の列が見える。その火山の列は，途中で北北西へと向きを変えている。さらに南太平洋の海底地形を見てみるとやはり同じように西北西から北北西へと途中で向きを変えた火山列がある(図5.23)。このことは，途中で太平洋プレートの動きが変わったことを意味する。向きが変わっているところにある火山は，約4200万年前にできている。したがって，太平洋プレートの動きは約4200万年以前は現在の動きと違っているということがわかる。

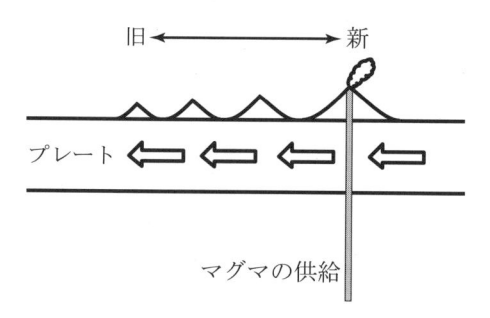

図5.22　ハワイ諸島の形成。マグマの供給源は動かないが，火山島はプレートとの動きとともに移動していく。

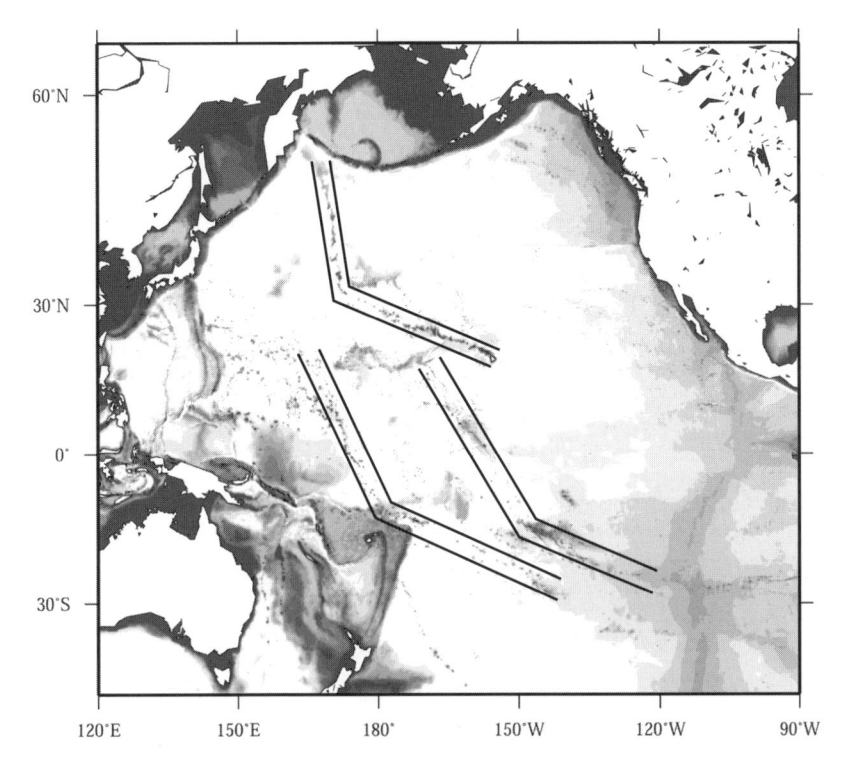

図 5.23 太平洋の海底火山列。色が濃いほうが水深が浅いことを表す。2本の線にはさまれた部分に海底火山の列が見える。Morgan(1972) により指摘された。

5.6 プルームテクトニクス

プレートテクトニクスでは，厚さ 100km 程度のプレートの相互運動により，地球表面で起こっている現象を説明する。沈み込んでいったプレート（スラブ）は，深さ約 600km まで地震の分布をともなっている。地球の半径約 6,400km に比べると，これらの深さは地球表面を記述しているにすぎない。また，アメリカとヨーロッパ・アフリカは約 2 億年前に分裂し，現在への配置へと移動していったが，すべての事件が 2 億年前に始まったわけではなく，超大陸パンゲア以前にもゴンドワナ，ロディニア，ヌーナと超大陸が出現しており，大陸は 4 億年〜5 億年程度の周期で離合集散を繰り返している。このような大陸の離合集散をウィルソンサイクルとよぶ。このような現象がどのようにし

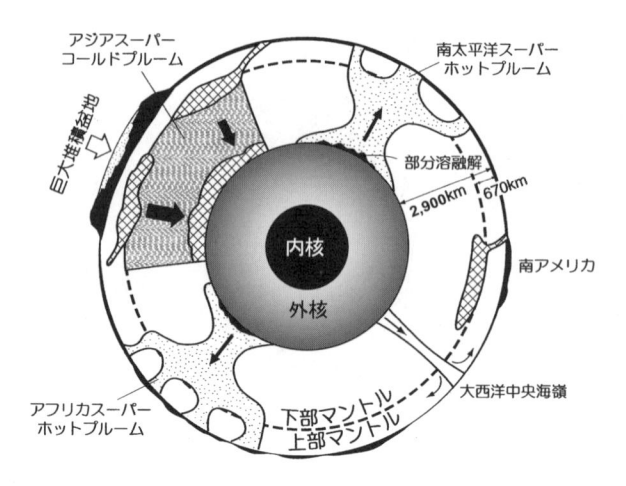

図 5.24 現在の地球内部の物質対流。二つのスーパープルームと一つのスーパーコールドプルームによって大局的な対流がまかなわれている (丸山・磯崎, 1998)

て起こったかを説明するためには，地球のより深いところ (マントル) も含めて，理解する必要がある。

　プルームテクトニクスとは，マントル内の物質対流はプルームとよばれる上昇流，下降流によって大局的に表すことができ，大陸の離合集散などタイムスケールの長い現象をマントル内の対流の動きによって説明するという仮説である (図 5.24)。プルームとはきのこ雲のような形のことをいい，流体中で発生する上昇流や下降流の形と似ているのでこのような表現を用いる。プルームテクトニクスは，地震波トモグラフィ，超高圧高温下での岩石鉱物の物性実験，コンピュータによるマントル対流の数値シミュレーションなど 1980 年代からの知見を背景としている。

　沈み込んでいったプレートは，どうなるのであろうか。プレートの沈み込みにともなって，海溝側で浅く沈み込む方向に向かって深くなっていく震源の分布 (深発地震面) が見られる。日本付近では，太平洋プレートの沈み込みによる深さ約 600km までの深発地震面が見られる。上部マントルと下部マントルの境界は 670km 不連続面といわれるが，そこでは密度にも不連続があり，下部マントルのほうが密度が大きい。この不連続は，温度と圧力によって鉱物の種類が変わることにより生ずる。沈み込んだプレートは温度が低いため，上部マントルと下部マントルの境界に達しても，鉱物の種類が変化しない。

したがって，まわりに比べて密度が小さいままのため境界付近にたまっていくことになる。境界付近にたまったスラブも時間とともにまわりから暖められて，周囲の温度と同じになると鉱物の種類が変わり，境界を突き抜けて，核とマントルの境界に達する。これをコールドプルームという。一方，核とマントルの境界から上昇する流れをホットプルームという。核とマントル境界付近に温度の乱れがあると，このような上昇流が発生するとされる。低温のコールドプルームの落下がこのような現象を引き起こすのかもしれない。

地震波トモグラフィの結果によると，現在の地球では，太平洋プレートや地中海からインドネシアにかけてのプレートが沈み込むアジアの下で，上部マントルと下部マントルの境界に沈み込んだプレートがたまっている。また，核とマントル境界付近にも温度の低い地域がある。したがって，この地域にスーパーコールドプルームがある。一方，南太平洋やアフリカに温度の高いホットプルームが見られる。南太平洋やアフリカにはホットスポットが点在するが，これはホットプルームによるものである。

インドがユーラシア大陸に衝突したように，現在はスーパーコールドプルームの存在するアジアに向かって大陸が集まりつつある。そして，2〜3億年後にはアジアを中心とする超大陸が出現すると予測されている。

上に述べた大陸の離合集散はプルームテクトニクスでは，次のように説明される。

(1) 超大陸の下でのスーパープルームの形成

超大陸の下にたまったプレートが下部マントルに崩落を始め，それが引き金となりスーパープルームが形成される。

(2) 超大陸の分裂

上昇したスーパープルームは超大陸にリフトとよばれる地溝帯をつくる。やがて，海水が浸入し超大陸は分裂を開始する。リフトにはやがて海嶺が形成され，プレートが二つに分かれる。

(3) プレートの沈み込みの開始

海嶺の活動が続くと，海嶺でできたプレートは冷やされてだんだん厚さを増していく。そして，大陸地殻のはしで沈み込みを開始する。

(4) 沈み込んだプレートの蓄積と超大陸の形成

　沈み込みが進行していくと，沈み込んだプレート (スラブ) が上部マントルと下部マントルの間にたまっていく。スラブがたまった大陸に向かって，徐々に他の大陸が集まってきて，再び超大陸を形成する。このような現象が数億年で繰り返される。

　このようにプルームテクトニクスは，今までプレートテクトニクスだけでは説明できなかった現象をマントルの中の物質対流を用いることで説明することができる。また，過去の氷河期の時期が超大陸が存在している時期と関連がある，古生代/中生代の生物の大絶滅が大陸分裂にともなう火山活動に関連がある，などの指摘もあり，たんに固体地球の現象にとどまらず，地球全体で起こっている現象を説明できる可能性もあり，地球科学にとって最新で重要な仮説である。

参考文献

Bullard, E.C., Everett, J.E., and Smith, A.G.：Phil. Trans. Roy. Soc. London A, 258, 41-51, 1965.

Cox, A., R.R. Doell and G.B. Dalrymple：Science. 144, 1537-1543, 1964.

Heezen, B.C.：The deep sea floor, in Continental Drift, edited by S.K. Runcorn, 235-288, Academic Press, New York, 1962.

Heirtzler, J.R., X. LePichon, and J.G. Baron：Deep-Sea Res., 13, 427-443, 1966.

今道周一：地磁気観測所要報，7, 49-55, 1956.

河野 長：地球科学入門—プレート・テクトニクス，岩波書店，1986.

丸山茂徳，磯崎行雄：生命と地球の歴史，岩波新書，1998.

McElhinny, M.W.：Paleomagnetism and Plate Tectonics, Cambridge Univ. Press, London, 1973.

Molnar, P. and P. Tapponier：Science, 189, 419-426, 1975.

Morgan, W.J.：Geol. Soc. Am. Mem., 132, 7-22, 1972.

力武常次：なぜ磁石は北をさす，ブルーバックス，講談社，1970.

瀬野徹三：プレートテクトニクスの基礎，朝倉書店，1995.

上田誠也：地球・海と大陸のダイナミズム，日本放送出版協会 (NHK ライブラリー)，1998.

第6章

地　　震

　地下で破壊が起こるとき，ある面を境として急激にくいちがいが生ずる。そして，そこから弾性波(地震波)が放射される。このような現象を地震という。
　上では，急激にくいちがいを生ずるある面という表現をしたが，この面のことを震源断層という。震源断層から放出された地震波が地表に達したとき，その振幅が十分に大きければ我々は揺れを感じることとなる。地震波による揺れのことを専門的なことばでは地震動という。しかしながら，一般には地震波による揺れのことを「地震」という言い方をする場合が多い。震度とマグニチュードの混同ということがよく取り上げられることがあるが，これも「地震」ということばの意味があいまいなためにどちらも「地震の大きさ」として表現できることにある。このような意味の混同を避けるために，以下では，「地震」ということばを地下で発生した破壊現象という意味で用いる。
　この章では，地震波，震度やマグニチュード，地震と断層について述べる。

6.1　地震の観測

6.1.1　地　震　計
　地震の研究をするためには，地面の動きを記録することが必要である。このための計測器が地震計である。日本では，明治維新後に政府が招いた外国人教師が中心となってその開発が進められた。揺れを記録するためには，地面が動いても動かない点(不動点)が必要となる。不動点と地面の相対的な位

第6章 地震

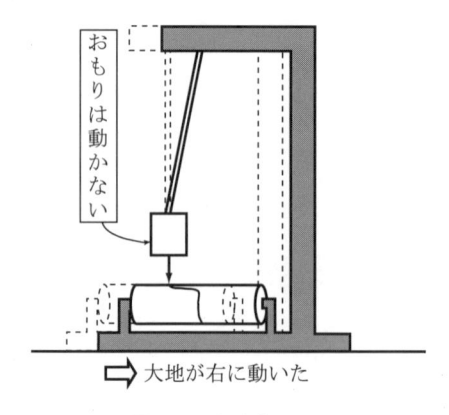

図中: おもりは動かない / 大地が右に動いた

図 6.1 地震計の原理

置を記録すればよい．しかしながら，完全な不動点は存在しないので，振子を近似的な不動点として用いる．図 6.1 のように，振子の支点と記録紙を巻きつけた円筒を地面とともに動くようにして，振子のおもりに針をつけておけば，記録紙の上に地面の動きを記録することができる．振子は速い動きに対しては不動点となるが，ゆっくりとした動きに対しては不動点とならない．どこまでゆっくりとした動きまで記録できるかは，振子の固有周期によって決まる．振子の固有周期が長いほどゆっくりとした地面の動きを記録することができる．

　図 6.1 のように，おもりの動きを直接記録紙に記録する地震計を機械式地震計という．地震計の開発当初はこのようなタイプから出発している．現在は振子のおもりの部分をコイルとし，それを磁場の中を動くようにしておく．逆に磁石をおもりとしてコイルの中を動かしてもよい．これにより，地面の動きを電気信号(電圧)に変換することができる．増幅器を用いればその電気信号を増幅することができるので，小さな揺れまで観測することができる．得られた電気信号をデジタルに変換すれば，コンピュータで後の処理を行うことができる．また，回路を工夫することで，コイルからの電気信号を再びコイルにもどすこと(フィードバック)により，コイルの動きを制限して振子の周期をのばすことができる．このようにすれば，よりゆっくりとした地面の動きを記録することができるようになる．

6.1.2 地震波

地面の動きは，上下方向と水平二方向の三方向で表すことができる。したがって，地震計で地面の動きを完全に記録しようとすると，これら三方向の成分を記録する必要がある。図 6.2 は，地震波形の一例である。一地点での地震による揺れが，東西，南北，上下の三つの成分に分けて記録されている。

この波形を見て特徴的なことは，最初に揺れがやってきて，しばらくしてから大きな揺れがやってきていることである。これは体感でわかるときもある。この最初にやってくる揺れを P 波，次にやってくる大きな揺れを S 波という。P 波，S 波は，英語では，それぞれ primary wave, secondary wave という。最初にやってきた波，二番めにやってきた波という地震波形を見たとおりの表現である。図 6.3 に，P 波，S 波の振動方向を示す。P 波は経路方向に沿って振動するのに対し，S 波は経路に対して直角な方向に振動する。この振動方向により，P 波を縦波，S 波を横波という。また，図 6.4 は P 波，S 波の進行にともなう媒質 (波を伝える物質) の変化を示しているが，P 波の場合には体積の変化が伝わっていくのに対し，S 波の場合はずれの変形が伝わっていく。この観点から，P 波を疎密波，S 波を剪断波という。

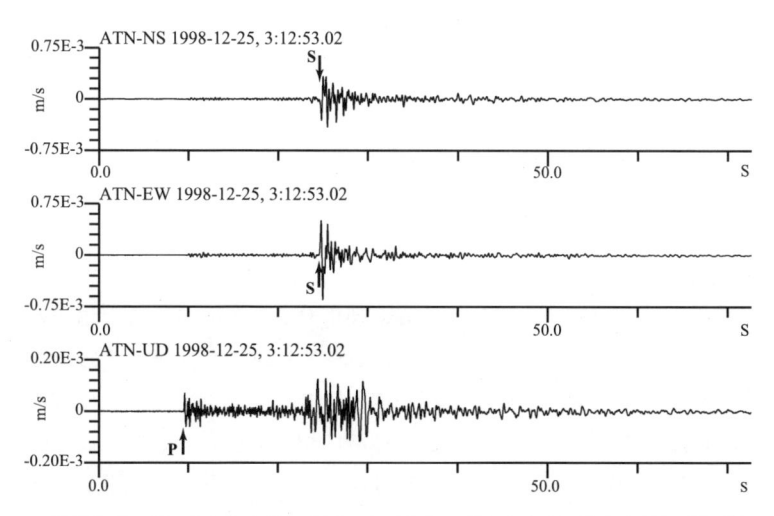

図 6.2 地震波形の例。上から南北，東西，上下方向の動きを表す。最初に揺れ (P 波) がやってきて，しばらくしてから大きな揺れ (S 波) がやってきているのがわかる。図中の矢印は，P 波，S 波が到着した位置を表す。

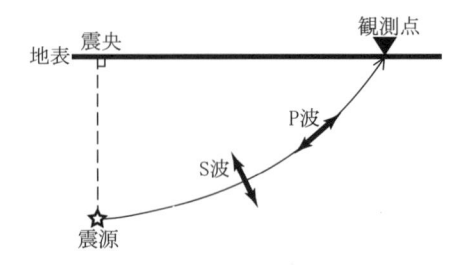

図 6.3 P 波，S 波の振動方向。P 波は経路方向，S 波は経路に対して直角な方向に振動する。

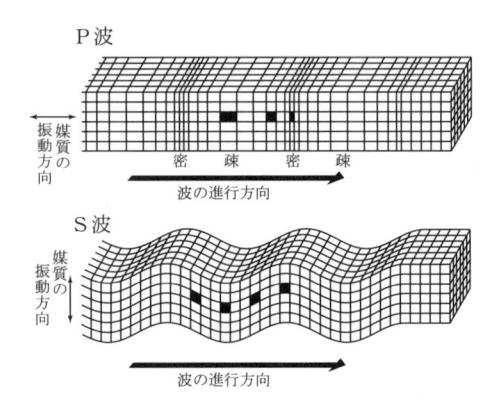

図 6.4 P 波，S 波の進行にともなう媒質の変形

P 波，S 波は震源 (地震波を放射するところ) を出発するときは同時であるが，進む速さが P 波のほうが S 波よりも速いため P 波のほうが早く到着する。地震波の速さは地表からの深さにより変わるが，地殻内では，P 波で 5 〜7km/s，S 波で 3 〜4km/s 程度である。

P 波，S 波は実体波とよばれ，無限に広がる弾性体の中でも存在できる波である。一方，表面波とよばれる地表や速度が急に変わるような境界がないと存在できない波もある。表面波には，レーレー波，ラブ波とよばれる二種類の波があるが，いずれも波が伝わる速度は S 波よりも遅い。表面波の性質として，距離による振幅の減り方が実体波に比べて小さいということがあげられる。大きな地震になると，一周約 3 時間くらいの速さで地球を何周かする波を観測できる場合もある。

6.1.3 震源の決定

地震波を放射するところを震源という。地下で地震波を放射するところは実際には広がりをもっているが，ここでは点として扱う。震源の鉛直上方の地表の点を震央 (図 6.3 参照) という。震源から観測点 (地震波を観測した地点) までの距離を震源距離，震央から観測点までの距離を震央距離という。

地下の P 波，S 波の速度を一定とし，それぞれ V_P, V_S とすると，P 波の走時 T_P (地震波が震源から観測点まで到達するのにかかる時間)，S 波の走時 T_S はそれぞれ

$$T_P = \frac{R}{V_P} \tag{6.1}$$

$$T_S = \frac{R}{V_S} \tag{6.2}$$

と表すことができる。ここで，R は震源と観測点の距離である。これらの式より，震源から観測点までの距離 R は，

$$R = k(T_S - T_P) \tag{6.3}$$

となる。ここで，$k = V_P/\{(V_P/V_S) - 1\}$ である。この式は，震源までの距離が (S − P) 時間 (P 波が到着してから S 波が到着するまでの時間，初期微動継続時間ともいう) に比例することを意味している。この式を大森公式という。この式に地殻の平均的な値として，$V_P = 5.8$km/s, $V_P/V_S = \sqrt{3}$ を代入すると，$k = 7.92$ km/s ≈ 8 km/s となる。地震波形を見て (S − P) 時間を読み取れば，震源距離の推定を行うことができる。

この方法は体で感じる場合にも適用することができる。P 波の到着を体感することができたなら，そこから S 波の到着までの秒数を数え，8 をかけることにより，震源までの距離 (km) をおおよそ推定することができる。

(6.3) 式を求めるとき，P 波，S 波の速度を一定と仮定している。しかしながら，地殻内の速度は深さにより違っているので，k は定数にはならず，厳密に比例関係にあるわけではない。したがって，上の方法による震源までの距離の推定はあくまでも概算である。

1 回の地震に対していくつかの観測点で観測された波形を見ると，P 波の到着時刻 (P 時刻)，S 波の到着時刻 (S 時刻) は観測点によって違う。これは

震源距離が観測点によって違うためで，震源距離が小さな観測点のほうがP時刻，S時刻は早くなる。震源の位置は複数の観測点のP時刻，S時刻に時間差があることを利用して決定される。地下の地震波の速度がわかっているとすると震源を決定する際の未知数は，震源位置 (震央位置と深さ)，地震波を放射した時刻 (origin time) の四つである。したがって，四つの観測点でのP時刻があれば原理的には震源を決定することができる。実際には，もっと多くのP時刻，S時刻を用い最小二乗法により震源を決定する。

震源決定を行うためには地下の速度構造がわかっている必要がある。人工地震実験では，ダイナマイトなどで人工的に振動を発生させ，その波を多数の点で観測する。そして，走時のデータから地下の速度構造を推定する。

6.1.4　地震観測網

地震の震源がどこにあるのかということは，地震という現象を知るための第一歩である。上で述べたように，震源を決定するためには，複数の観測点でのP時刻，S時刻が必要となる。日本では，気象庁，防災科学技術研究所，そしていくつかの国立大学で，地震の観測網を展開している。最近では，それぞれの Web ページで速報的な震源の位置を知ることができる。

世界的には，イギリスにある国際地震センター (ISC) やアメリカ合衆国地質調査所 (USGS) の国立地震情報センター (NEIC) などが震源情報を提供している。

6.2　震度とマグニチュード

6.2.1　震　度

地震波によるある地点の揺れの大きさをいくつかの段階に分けたものを震度という。どのように分けるかをあらかじめ定めておかなければならない。日本では，震度0から震度7までの10段階に分けた気象庁震度階級を用いている。このうち，震度5および震度6は強弱に分かれ，それぞれ震度5弱，震度5強，震度6弱，震度6強のように表現する。外国で使われている震度階級としては，ロッシ・フォレル震度階級 (10段階)，改正メリカリ (MM) 震度階級 (12段階)，MSK震度階級 (12段階) などがある。

気象庁震度階級では，かつては体感や周囲の状況により震度の判定が行わ

れていたが，現在では計測震度計により計測震度を算出し，四捨五入などを行うことで震度階級を決定している。計測震度は，地面の動きの加速度にいくつかのフィルター処理を行い，さらに振動の継続時間も考慮に入れて算出される。地面の動きを感知する部分は地震計としくみがまったく同じなので，計測震度計は震度計算機能付地震計とでも表現することができる。現在では，日本全国で約600点の計測震度計が気象庁により設置されている。

計測震度計により，震度の観測を客観的に，迅速に，そして多数の点で行うことができるようになった。震度は被害の程度を知る上で不可欠な要素である。表6.1は，計測震度計により決定された震度と我々の身の回りで起こりうる現象や被害を対応づけたものであるが，この表を見ていくと，震度5弱を超えると建造物や地盤などに被害が出始めることがわかる。地震発生時には，一刻も早く防災対策を立てるために迅速に震度の情報を得る必要がある。そのために計測震度計で観測された震度は即時に気象庁へ送られ，広い範囲にわたる詳細な震度分布を得ることができる。これらの情報は，関係機関へただちに伝えられ，防災対策に役立てられている。

6.2.2 震度に影響を与える要因

震度に影響を与える要因として，① 震源からの距離，② 揺れを感じた地点の地盤の影響，③ 地球内部の構造，をあげることができる。

震源距離が大きくなるにつれて，震度は小さくなる。図6.5に，いくつかの地震についての例を示すが，震央から離れるにつれて震度が小さくなっていくことがわかる。

図6.5には，1968年十勝沖地震のときの北海道内においてアンケート調査により求めた震度も示している。これを見ると，大勢としては震央からの距離が遠くなるにつれて，震度は小さくなっているが，他の震度の分布と比べ，かなり複雑である。詳しく見ていくと，平野や盆地で震度が大きく，山地では小さくなっているのがわかる。このように震度は，揺れを感じた地点がどのような地盤であるかによって，大きく変わってくる。

図6.6に示す震度の分布を見ると，たとえば震央がウラジオストク付近で震源の深さが600km近くある地震では，距離が遠い太平洋側のほうが距離が近い日本海側よりも震度が大きくなっている。その他の地震についての震度の分布を見ても，太平洋側の震度が大きくなっていることがわかる。このよ

146　第6章　地　震

表 6.1　気象庁震度階級関連解説表

気象庁震度階級関連解説表（平成 8 年 2 月）

震度は、地震動の強さの程度を表すもので、震度計を用いて観測します。地震動の強さの程度がどのような現象や被害が発生するかを示すものです。この「気象庁震度階級関連解説表」は、ある震度が観測された場合、その周辺で実際にどのような現象が発生する震度は、震度計による観測値であり、この表に記述される現象から決定されるものではありません。
(2) 震度が同じであっても、その地震動の性質や、構造物の状態や地震動の性質によって、ある震度が観測された際に通常発生する現象を記述していますので、これらの大きさな被害が発生したり、逆に小さな被害にとどまる場合もあります。
(3) 地震動は、地盤や地形に大きく影響されます。震度は、震度計が置かれている地点での観測ですが、同じ市町村であっても場所によっては震度が異なることがあります。また、震度は通常地表で観測していますが、中高層建物の上層階では一般にこれより揺れが大きくなります。
(4) 大規模な地震では長周期の地震波が発生するため、遠方においても比較的低い震度であっても、エレベーターの障害、石油タンクのスロッシングなどの長周期の揺れに特有な現象が発生することがあります。
(5) この表は、主に近年発生した被害地震の事例から作成したものです。今後、新しい事例が得られたり、構造物の耐震性の向上などで実状と合わなくなった場合には、内容を変更することがあります。

計測震度	震度階級	人 間	屋内の状況	屋外の状況	木造建物	鉄筋コンクリート造建物	ライフライン	地盤・斜面
～0.5	0	人は揺れを感じない。						
～1.5	1	屋内にいる人の一部が、わずかな揺れを感じる。						
～2.5	2	屋内にいる人の多くが、揺れを感じる。眠っている人の一部が、目を覚ます。	電灯などのつり下げ物が、わずかに揺れる。					
～3.5	3	屋内にいる人のほとんどが、揺れを感じる。恐怖感を覚える人もいる。	棚にある食器類が、音を立てることがある。	電線が少し揺れる。				
～4.5	4	かなりの恐怖感があり、一部の人は、身の安全を図ろうとする。眠っている人のほとんどが、目を覚ます。	つり下げ物は大きく揺れ、棚にある食器類は音を立てる。座りの悪い置物が、倒れることがある。	電線が大きく揺れる。歩いている人も揺れを感じる。自動車を運転していて、揺れに気付く人がいる。				

表 6.1　気象庁震度階級関連解説表 (続き)

震度	人の体感・行動	屋内の状況	屋外の状況	木造建物（住宅）	鉄筋コンクリート造建物	ライフライン・インフラ等	地盤・斜面の状況
5弱 (4.5-)	多くの人が、身の安全を図ろうとする。一部の人は、行動に支障を感じる。	棚にある食器類、書棚の本が落ちることがある。座りの悪い置物の多くが倒れ、家具が移動することがある。	窓ガラスが割れて落ちることがある。電柱が揺れるのがわかる。補強されていないブロック塀が崩れることがある。道路に被害が生じることがある。	耐震性の低い住宅では、壁や柱が損傷するものがある。	耐震性の低い建物では、壁などに亀裂が生じるものがある。	安全装置が作動し、ガスが遮断される家庭がある、まれに水道管の被害が発生し、断水することがある。［停電する家庭もある。］	軟弱な地盤で、亀裂が生じることがある。山地では落石、小さな崩壊が生じることがある。
5強 (5.0-)	非常な恐怖を感じる。多くの人が、行動に支障を感じる。	棚にある食器類、書棚の本の多くが落ちる。テレビが台から落ちることがある。タンスなど重い家具が倒れることがある。変形によりドアが開かなくなることがある。一部の戸が外れる。	補強されていないブロック塀の多くが崩れる。据え付けが不十分な自動販売機が倒れることがある。多くの墓石が倒れる。自動車の運転が困難となり、停止する車が多い。	耐震性の低い住宅では、壁や柱がかなり破損したり、傾くものがある。	耐震性の低い建物では、壁、梁(はり)、柱などに大きな亀裂が生じるものがある。耐震性の高い建物でも、壁などに亀裂が生じるものがある。	家庭などにガスを供給するための導管、主要な水道管に被害が発生することがある。［一部の地域でガス、水道の供給が停止することがある。］	
6弱 (5.5-)	立っていることが困難になる。	固定していない家具の多くが移動し、転倒する。開かないドアが多い。	壁のタイルや窓ガラスが破損、落下することがある。	耐震性の低い住宅では、壁や柱が破壊するものがある。傾くもの、倒れるものがある。	耐震性の低い建物では、壁や柱が破壊するものがある。耐震性の高い建物でも壁などに亀裂が生じるものがある。	家庭などにガスを供給するための導管、主要な水道管に被害が発生する。［一部の地域でガス、水道の供給が停止することがある。］	地割れや山崩れなどが発生することがある。
6強 (6.0-)	立っていることができず、はわないと動くことができない。	固定していない家具のほとんどが移動し、転倒する。戸が外れて飛ぶことがある。	壁のタイルや窓ガラスが破損、落下する建物が多くなる。補強されていないブロック塀のほとんどが崩れる。	耐震性の低い住宅では、倒れるものが多くなる。耐震性の高い住宅でも、壁や柱が破損するものがある。	耐震性の低い建物では、倒れるものがある。耐震性の高い建物でも、壁、柱が破壊するものがある。	ガスを地域に送るための導管、水道の配水施設に被害が発生することがある。［一部の地域で停電する。広い地域でガス、水道の供給が停止することがある。］	
7 (6.5-)	揺れにほんろうされ、自分の意志で行動できない。	ほとんどの家具が大きく移動し、飛ぶものもある。	ほとんどの窓ガラス、壁のタイル、補強されているブロック塀も破壊するものがある。	耐震性の高い住宅でも、傾いたり、大きく破壊するものがある。	耐震性の高い建物でも、傾いたり、大きく破壊するものがある。	［広い地域で電気、ガス、水道の供給が停止する。］	大きな地割れ、地すべりや山崩れが発生し、地形が変わることもある。

*ライフラインの [ ] 内の事項は、電気、ガス、水道の供給状況を参考として記載したものである。

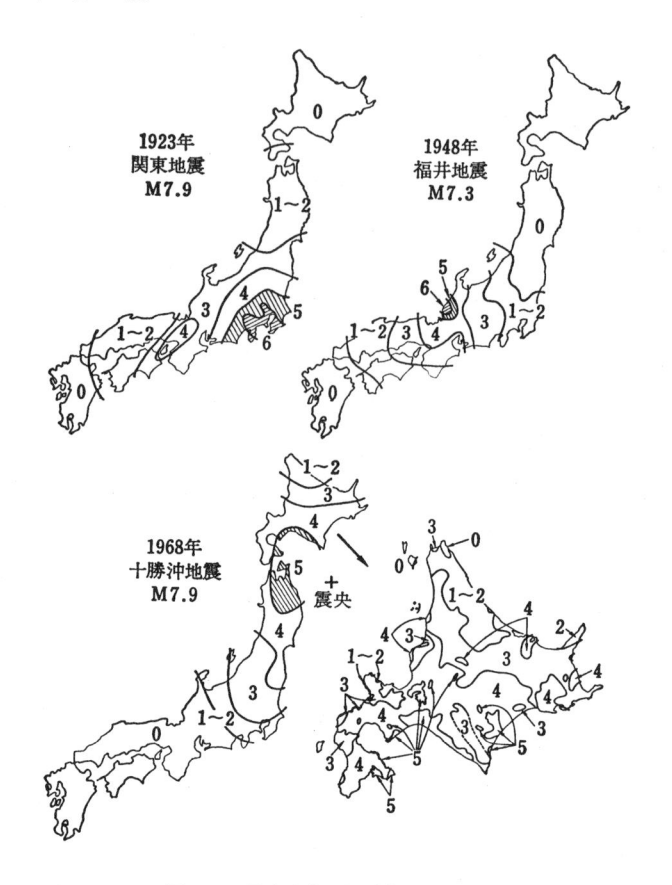

図 6.5 震度分布の例 (宇津, 1977)

うに広範囲にわたって震度が大きくなる地域を異常震域という。この異常震域という現象は，太平洋プレートの沈み込みに関係している。沈み込んだプレートは，同じ深さのマントルに比べ，地震波を伝えやすいという性質がある。したがって，図 6.7 のように，震央がウラジオストク付近で深さが 600km 近くある震源から放射される波は，太平洋側へは沈み込んだプレート内を通って到達するが，日本海側へ到達するためには地震波を伝えにくいマントル内を通らなければならない。これが異常震域を生み出す原因である。

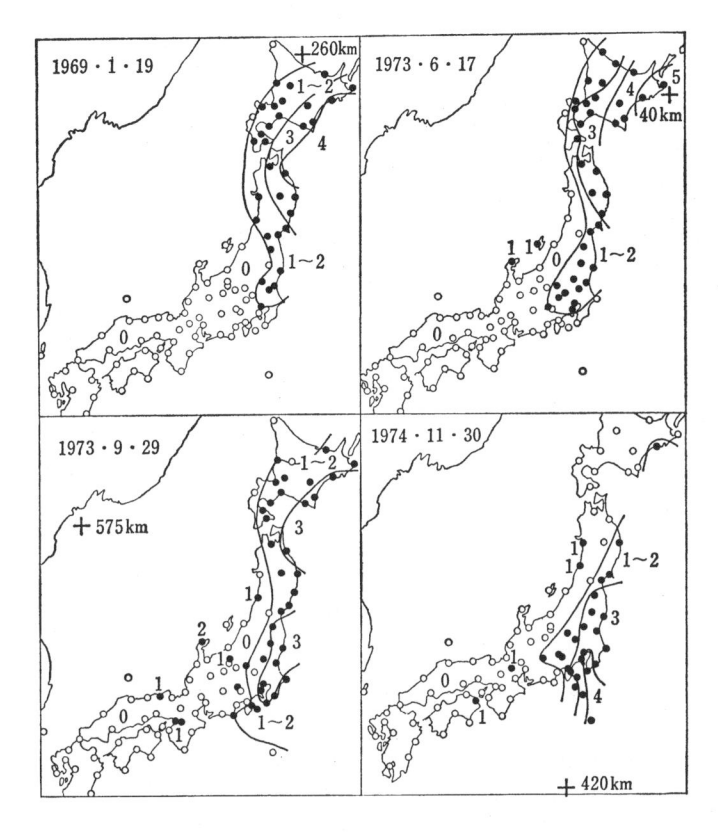

図 6.6　異常震域の例 (宇津, 1977)。+印が震央, その近くの数字が震源の深さを表す。

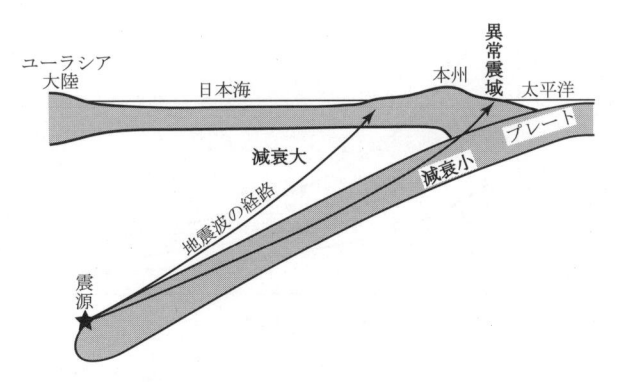

図 6.7　異常震域の原因。プレートを通った波は減衰が小さい。

6.2.3 マグニチュード

マグニチュードは，地震という現象の大きさを表す尺度である．1回の地震に対して，地震の揺れの大きさを震央距離に対して図示すると震央距離とともに小さくなるはずである．また，いくつかの地震に対して同じように図示した結果，図 6.8 のような図が得られたとする．この図には，3回の地震(地震 1，地震 2，地震 3)の結果が示されているが，どの震央距離についても，地震 1 に対する揺れが大きく，地震 2，地震 3 の順で揺れの大きさが小さくなっている．地震という現象の大きさをこの三つの地震で比べた場合，大きいほうから地震 1，地震 2，地震 3 の順であることは自然な考え方であろう．

尺度として数値化するためには，ある震央距離(または震源距離)での揺れの大きさを用いればよい．距離によって揺れの大きさがどのように減少していくのかを多数の地震から求めておけば，ちょうどその距離に観測点がない場合でも揺れの大きさを求めることができる．マグニチュードという量はこのような観点から考案された量である．

マグニチュードは，1935 年リヒターによって初めて定義された．その定義は，「震央距離 100km のところに置かれたウッド・アンダーソン式地震計(固有周期 0.8s，減衰定数 0.8，基本倍率 2,800 倍)の 1 成分の記録紙上の最大振幅を μm 単位 ($= 10^{-6}$m $=$ 0.001mm) ではかり，その常用対数で表す」というものである．震央距離 100km のところで 1cm ($= 10,000\mu$m) の最大振幅を記

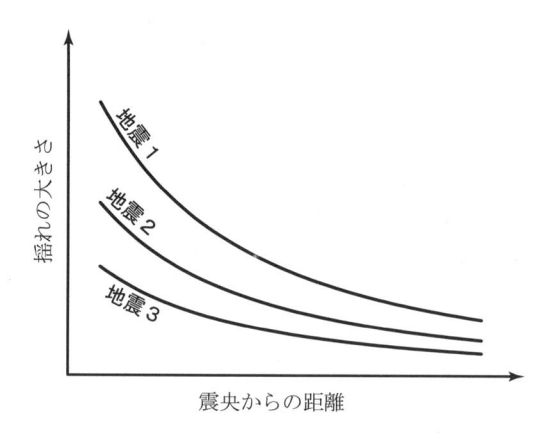

図 6.8　震央距離と揺れの大きさの関係．実際に地震計などで計測を行った場合このようなきれいな線で表すことができないのがふつうであるが，ここでは理想化している．

録すればマグニチュード4ということになる。震央距離が100kmでない場合については，距離による減衰をあらかじめ求めておき，補正することになる。このマグニチュードは南カリフォルニアの地震について求められたものなので，ローカルマグニチュード (M_L と略す) という。

この M_L は南カリフォルニアで発生する浅い震源をもつ地震に対し，決められたタイプの地震計で観測された記録を用いて定義されたものなので，汎用性がない。そこで，グーテンベルグは遠くで発生した地震や深い震源をもつ地震についても適用できるような表面波マグニチュード (M_s) と実体波マグニチュード (M_B) を考案した。これによりマグニチュードという量が，世界中で用いられるようになった。グーテンベルグとリヒターは，1904年から1952年までの世界の主な地震のマグニチュードを著書「Seismicity of the Earth」(地球の地震活動) に記載している。その後いろいろなマグニチュードが定義されるが，その際には，この本に記載されているマグニチュードが基準となっている。日本では気象庁がマグニチュードの発表を行うが，気象庁で用いているマグニチュードもグーテンベルグとリヒターによって決定された日本付近の地震に対するマグニチュードを基準にして決定式が決められた。

6.2.4 マグニチュードとエネルギー

地震が発生することにより，地震波としてどれくらいのエネルギーを放出するのかという見積もりがグーテンベルグとリヒターによりなされている。その結果は次のとおりである。

$$\log E_s(\mathrm{J}) = 1.5 M_s + 4.8 \tag{6.4}$$

ここで，E_s は地震により放出されるエネルギー，M_s は地震のマグニチュードである。

この式は，マグニチュードが1増えるとエネルギーは約30倍，マグニチュードが2増えるとエネルギーは1,000倍になることを意味している。広島型の原爆がもつエネルギーは，$M6.1$ に相当する。ただし，このエネルギーの中には熱に変わるエネルギーが含まれているので，実際に地下に埋めて爆発させたとしても地震波のエネルギーに変わるのは，エネルギーのごく一部である。条件によっても変わるが，たとえば，地下空洞で爆発させたときには，1万分の1のエネルギーが地震波のエネルギーとなる。これをマグニチュード

に換算すると，$M3.4$ になる。

6.2.5 モーメントマグニチュード

大きな地震になるとより周期の長い地震波が放射される。地震計では計測できる周期の範囲が限られているため，大きな地震の長周期の地震波を観測できなくなる。したがって，ある程度以上の大きさの地震に対して，上で定義されたマグニチュードは地震の大きさを正しく表さなくなる。たとえば，表面波マグニチュード M_s では，8以上になるとこのようなことが起こる。地震の大きさを正しく評価する量として，地震モーメント M_0 がある。地震モーメントは，震源にはたらく偶力 (モーメント) から定義される。また，

$$M_0 = \mu \overline{D} S \tag{6.5}$$

のように震源断層の運動と結びつけて考えることができる。ここで，μ は剛性率，$\overline{D}$ は平均くいちがい量，S は断層面の面積である。この地震モーメント M_0 を用いて従来のマグニチュードに相当する量 M_w を

$$\log M_0 \text{ (N·m)} = 1.5 M_w + 9.1 \tag{6.6}$$

によって定義する。この M_w をモーメントマグニチュードという。

チリ地震 (1960)，アラスカ地震 (1964)，三陸沖地震 (1933)，十勝沖地震 (1952) に対する表面波マグニチュード M_s はそれぞれ，8.5，8.4，8.5，8.3でほぼ同じであるが，モーメントマグニチュード M_w では，9.5，9.2，8.4，8.1と前の二つが断然大きいことがわかる。

6.2.6 規模別頻度分布

我々の経験からしても大きな地震は発生する回数が少ない。グーテンベルグとリヒターは，マグニチュードとその発生数の間に，

$$\log n(M) = a - bM \tag{6.7}$$

という関係があることを経験的に示した。ここで，M はマグニチュード，$n(M)$ はマグニチュード M の地震に対する発生頻度である。この式はマグニチュード M 以上の発生頻度 $N(M)$ に対しても，同様に

$$\log N(M) = A - bM \tag{6.8}$$

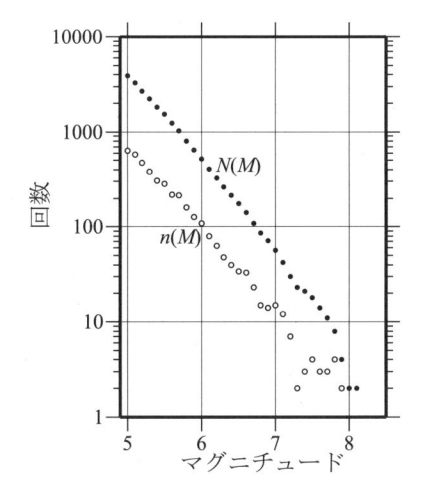

図 **6.9** 日本付近で発生する地震の規模別頻度分布。マグニチュード 0.1 毎の回数 (白丸) と累積の数 (黒丸) を示している。範囲は北緯 25〜48°，東経 125〜150°，期間は 1961 年から 1999 年。気象庁のデータによる (理科年表 2001 を参照)

となる。この式をグーテンベルグ・リヒターの式という。式中の係数 b のことをグーテンベルグ・リヒターの b 値あるいはたんに b 値という。b 値が大きくなれば小さな地震の回数の割合が増え，小さくなれば大きな地震の回数の割合が増えることになる。b 値は地震活動の性質を表すパラメターとしてよく用いられる。

図 6.9 に，日本付近における地震に対する規模別頻度分布を示す。これによると，b 値は 1 に近い値をもっている。このことは，日本付近では，M が 1 増えると回数がおよそ 10 分の 1 になることを意味する。地震の際に放出されるエネルギーが M が 1 増えると約 30 倍になることは 6.2.4 項で述べた。これらのことを考え合わせると，日本付近で発生する全地震により放出されるエネルギーをマグニチュード別に比べてみると，M の大きな地震の放出するエネルギーのほうが M の小さな地震が放出するエネルギーよりも大きいということになる。

6.3 地震と断層

地下で起こる破壊は，ある面を境にして急激にくいちがいが生ずるという起こり方をする。このくいちがいを生ずる面のことを震源断層という。震源断層をはさんで急激にくいちがいが生ずることで地震波を放出する。地震という現象は，震源での断層運動によって始まる。

6.3.1 断層の基本的な型

断層ということばは，もともと地質学で使われていることばで，地層の連続性を断っている面のことを指す。断層はその動き方により，横ずれ断層と縦ずれ断層に分けることができる(図 6.10)。横ずれ断層は，ずれの方向によりさらに右横ずれ断層と左横ずれ断層に分けることができる。断層のこちら側に立って向こう側が右に動いていれば右横ずれ断層，逆に左に動いていれば左横ずれ断層という。縦ずれ断層も二種類に分けられ，断層面に沿ってがずり落ちたような形になっているものを正断層，ずり上がったような形になっているものを逆断層という。実際の断層では，横ずれの成分と縦ずれの成分が組み合わさっている。

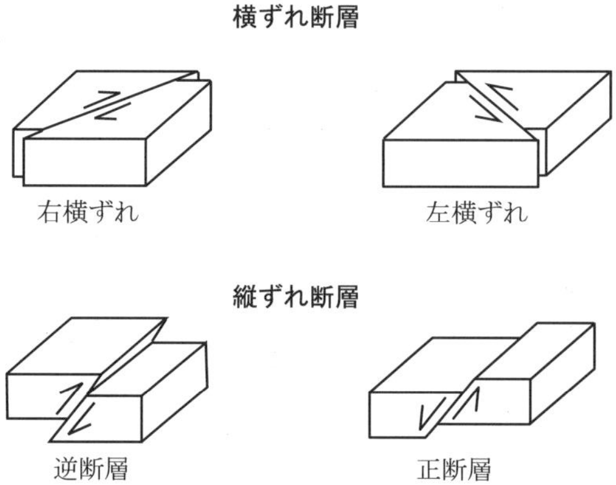

横ずれ断層

右横ずれ　　　左横ずれ

縦ずれ断層

逆断層　　　正断層

図 **6.10** 断層の型

6.3.2 地表に現れた震源断層

内陸に震源をもつマグニチュードの大きな地震が発生した場合，地表に震源断層が現れる場合がある。地震が発生したときに地表に現れるくいちがい

図 6.11　1930 年北伊豆地震 ($M7.3$) のときに出現した地震断層 (前田直樹撮影)。丹那盆地 (静岡県) にある。もともとまっすぐだった水路が断層を境にして向こう側が左にずれている。

のことを地表地震断層あるいはたんに地震断層という。1891 年に発生した濃尾地震は $M8.0$ という内陸部では最大級の地震である。岐阜県根尾村水鳥 (みどり) では，上下方向のずれが約 6m にも及ぶ断層崖 (断層運動でできた崖) が出現した。これが日本で最初に科学的な調査をされた地震断層である。

その他にも，1896 年陸羽地震 ($M7.2$)，1927 年北丹後地震 ($M7.3$)，1930 年北伊豆地震 ($M7.3$)，1943 年鳥取地震 ($M7.2$)，1945 年三河地震 ($M6.8$)，1974 年伊豆半島沖地震 ($M6.9$)，1995 年兵庫県南部地震 ($M7.3$) などの地震の際に地震断層が現れている。これらの断層の一部分は天然記念物として残されており，現在もずれの様子を観察することができる (図 6.11)。

上の地震の際に現れた地震断層は活断層に沿って現れることが多い。活断層は，谷の屈曲，尾根のずれのように地形にそのずれが認められる断層をいう。それらのずれは地震発生時のずれが蓄積したものである。このことは，活断層が過去に何回も地震の震源となったことを意味し，将来も地震の震源となりうることを意味している。したがって，地震の長期的な予測をするためには，活断層の活動の履歴 (いつずれを生じたのか) を知ることが大切である。

6.3.3 地震による地殻変動

　地震前後の三角測量や水準測量の結果を比較することにより地震により引き起こされた水平方向，上下方向の地殻変動を知ることができる。最近では，GPS や干渉合成開口レーダも用いられる (4.5 節参照)。図 6.12 は，いくつかの地震における地殻変動の様子を表している。この図に示した地震の際には地震断層が現れているが，その線を境にして水平方向の動きが変わっているのがわかる。たとえば，1930 年北伊豆地震 ($M7.3$) では，丹那断層の東側では，地面が北方向に，西側では南方向に動いているのがわかる。このような地震にともなう地殻変動は，断層面上でのくいちがいを計算することにより，説明することができる。たとえば，図 6.13 は 1923 年関東地震にともなう地殻変動である。上下方向の動きは，三浦半島や房総半島の隆起，丹沢山地の沈降ということで特徴づけられる。これらの地殻変動は，適当な断層モデルか

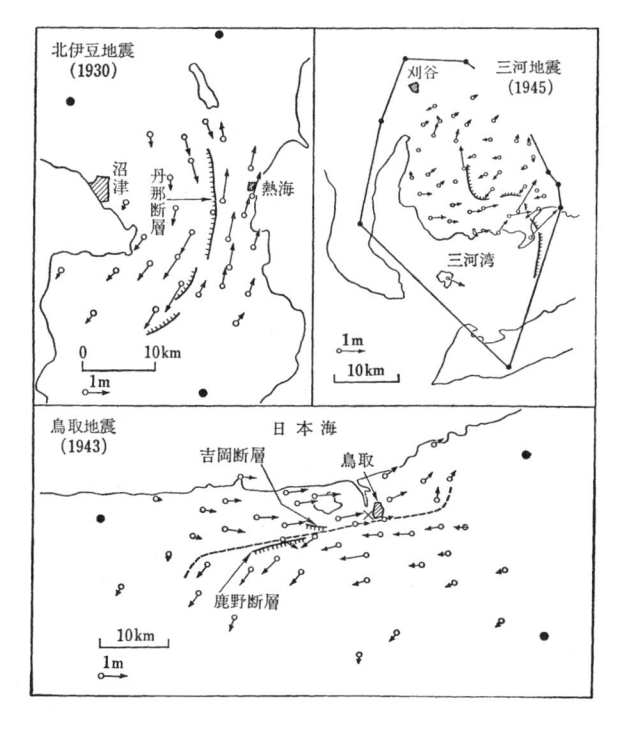

図 6.12　いくつかの地震にともなう地殻変動 (宇津，1977)

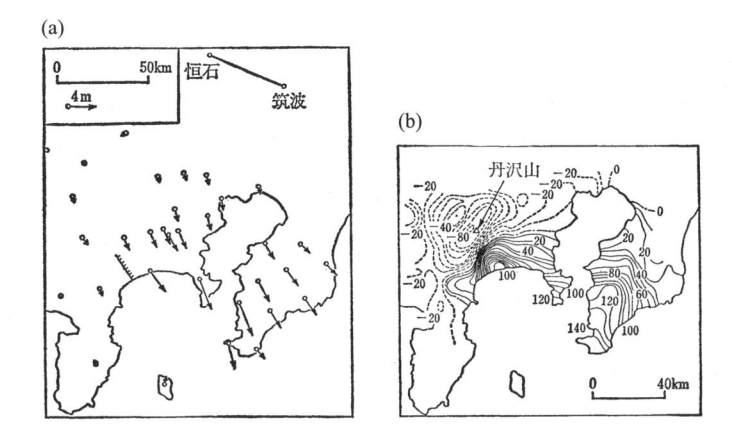

図 6.13　1923 年関東地震にともなう地殻変動。(a) 水平変動，(b) 上下変動 (単位：cm)(宇津，1977)

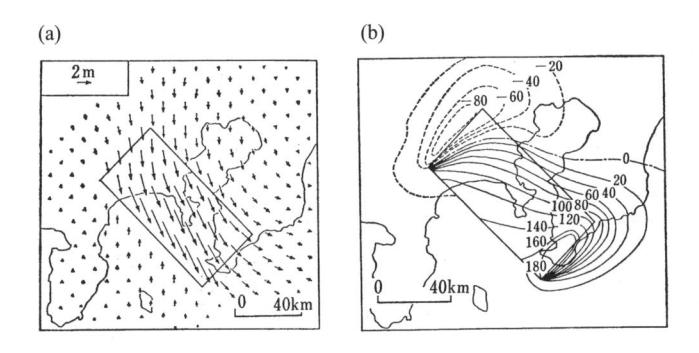

図 6.14　金森・安藤 (1973) による，断層モデルを用いた地殻変動の理論計算。(a) 水平変動，(b) 上下変動 (単位：cm)(宇津，1977)

ら地表での動きを計算することにより説明することができる (図 6.14)。1923 年関東地震に対する例を見ると，地殻変動の傾向が計算により再現されているのがわかる。

6.3.4　余震の分布

　震源の深さが浅い大きな地震が発生したとき，その直後から地震が引き続いて発生する。この一連の地震のことを余震という。余震を引き起こす原因となった大きな地震を本震という。余震の震源は，本震の震源の周囲に分布

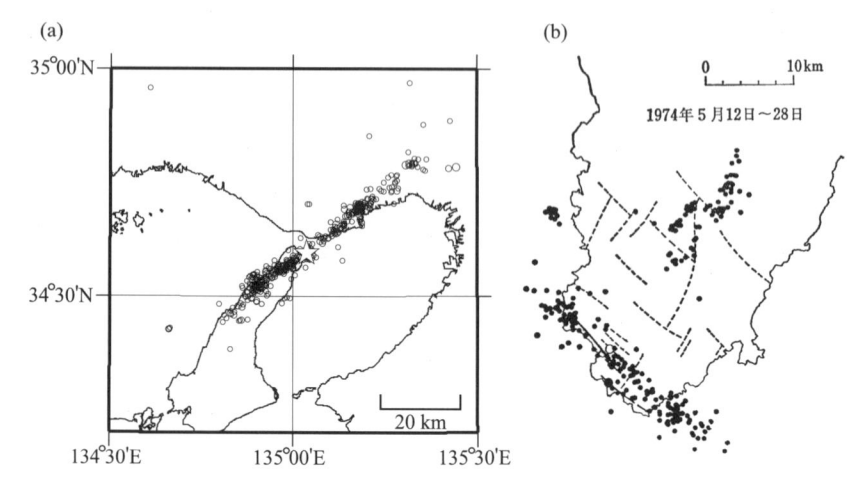

図 **6.15** 余震分布の例 (その 1), (a) 兵庫県南部地震 ($M7.3$, 1995) 後 1ヶ月間の震央分布 (気象庁のデータによる), (b) 伊豆半島沖地震 ($M6.9$, 1974) 後の余震 (宇津, 1977)

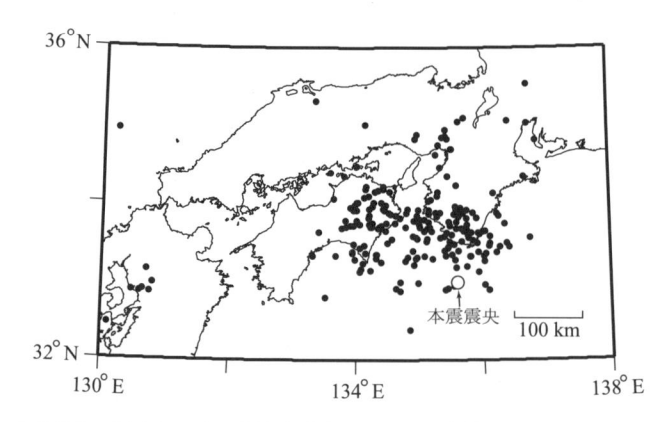

図 **6.16** 余震分布の例 (その 2), 南海地震 ($M8.1$, 1946) 後 1ヶ月間の震央分布 (気象庁のデータによる)

する。図 6.15, 図 6.16 および図 6.17 に余震の震央分布の例を示すが, 余震の震源は本震の震源付近で固まって分布しているのがわかる。このように余震の震源が分布している領域を余震域という。図 6.15 に示した余震の震央は, 直線状に分布している。図 6.16, 図 6.17 に示した余震の震央は, 直線状に分布していないが, たとえば, 図 6.17(a) に示した余震の震源を東西断面への投影をしてみると図 6.17(b) のように西下がりの分布となっている。すなわ

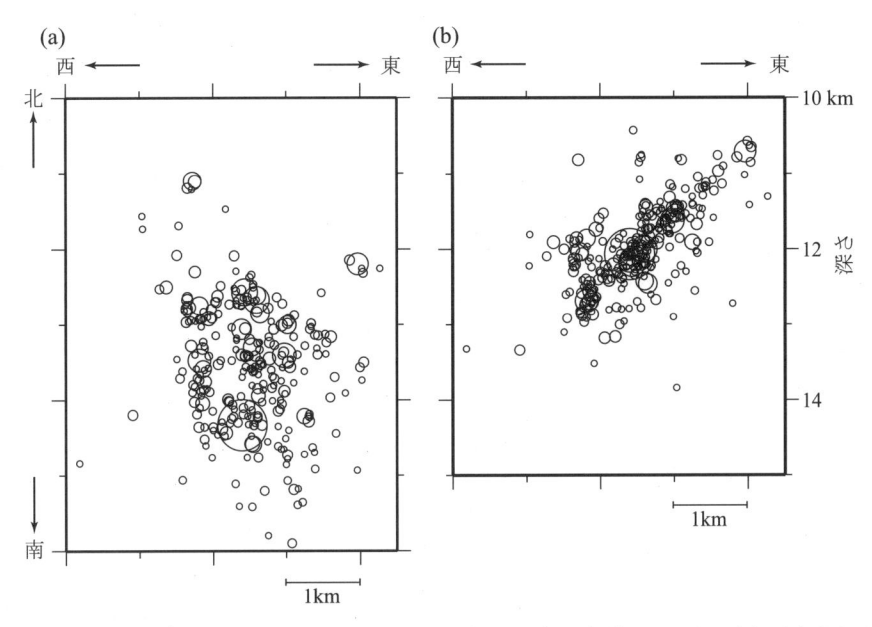

図 **6.17** 余震分布の例 (その 3), 京都大阪府境 ($M4.9$, 1987) 後 3ヶ月間の (a) 震央分布, (b) 東西断面に投影した震源の深さ分布 (前田, 1988)

表 **6.2** 本震のマグニチュード M_m と余震域の直径 L(km) の関係

M_m	L(km)
8	100
7	32
6	10
5	3.2
4	1

ち,この余震の震源は三次元的に考えると西に下がった面の上に分布していることになる。直線状の分布は,垂直な面の上に分布している震源を上から見ているためであり,余震の震源は,ここに示した図のようにおおむね一つの面上に分布している。

図 6.15,図 6.16 および図 6.17 に示した余震の広がり (余震域) は本震のマグニチュードが大きいほうが大きくなっていることがわかる。内陸に震源を

もつ地震について，本震のマグニチュード M_m と余震域の直径 L(km) の関係として，

$$\log L \text{ (km)} = 0.5 M_\mathrm{m} - 2.0 \tag{6.9}$$

が求められている。この式による M_m に対する L(km) の値を表 6.2 に示す。対数を使った経験式なのでばらつきは大きいが，図 6.15，図 6.16 および図 6.16 に示した余震域の大きさとだいたい一致している。

　この余震域が広がりは，本震発生時の震源断層の広がりとおおむね一致する。地震波を放射した領域を震源域という。震源域は上に述べた震源断層と同じところを指す。震源域は余震域を使って推定されることが多い。地震波を放射するところを震源というならば，ここに述べた震源域を震源と表現してもいいかもしれない。しかしながら，6.1.3 項で取り扱ったように，震源は点として取り扱われるのがふつうである。点として取り扱った震源と震源域はどのような関係にあるのだろうか。震源域でくいちがいを生ずるとき，すべての領域でまったく同時にくいちがいを生ずるわけではなく，初めに 1 点でくいちがいが始まり，そこから震源域全体に広がっていくことになる。くいちがいが震源域内を伝わる速度は S 波よりも遅い。したがって，観測点に最初に到達する P 波や S 波は，最初にくいちがいを生じた点から放射された波ということになる。P 波や S 波の到達時刻を用いて決定された震源は，最

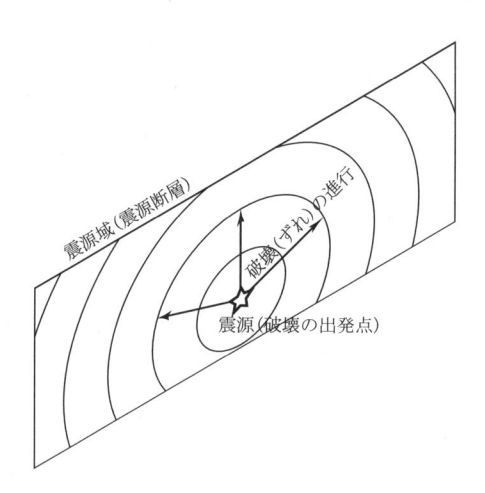

図 **6.18**　震源と震源域の関係

初にくいちがいを生じた点，すなわち震源域における破壊の出発点に相当する (図 6.18)。

テレビや新聞などでは震源として×印のような点をイメージする記号で示されるが，実際に波を放射する領域 (震源域) は点ではなく大きさをもっている．震源から遠く離れた場所ではこの違いは無視できるが，震源のごく近くでの被害状況を考えるときには，たんに震源からの距離だけではなく，震源域 (震源断層) がどのように広がっているかを考慮に入れる必要がある．

6.3.5 初動の押し引き分布

P 波の最初の動き (初動) は，記録紙上で上向き，下向きに振れるという両方の場合がある．地震波形の三成分からその動きを見ると，P 波の初動は震源の方向から遠ざかるか，近づくかのどちらかの方向に動く．震源から遠ざかる方向に動くときを「押し」，近づく方向に動くことを「引き」という (図 6.19)．

図 6.20 は，1995 年兵庫県南部地震についての初動の押し引きを示している．この図では，震央で直交する 2 本の直線によって，押しと引きの分布が四つの部分に分けられているのがわかる．このような現象は，1917 年静岡県中部の地震 ($M6.3$) について志田によって発見された．押しと引きの境界となっている 2 本の直線のことを節線という．余震はこの節線のうちの一方の線上に分布することが多い．兵庫県南部地震の場合でも，北東－南西方向の節線が余震分布と一致する．前項で述べたように，余震分布は震源断層とおおむね一致するので，余震分布と一致する節線が震源断層の方向と一致して

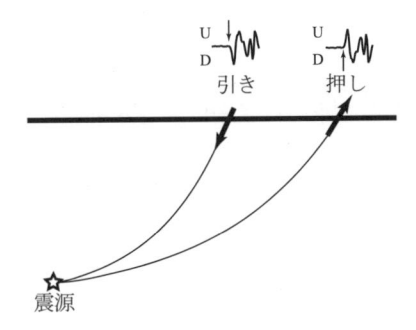

図 6.19 初動の押しと引き．地震波形の上下動成分を見ると，初動が押しのときには上向き，引きのときには下向きになる．

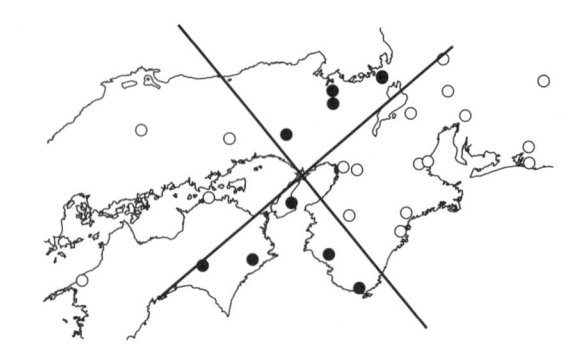

図 6.20 初動の押し引き分布の例。1995年1月17日兵庫県南部地震 ($M7.3$)(気象庁のデータによる)。黒丸が押し，白丸が引きを表している。

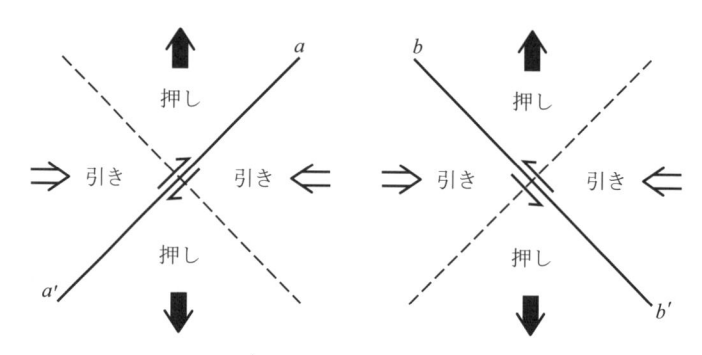

図 6.21 震源断層の動きと押し引き分布

いることになる。

　初動の押し引き分布は震源断層がどのような動きをしたかによって決まる。たとえば，図 6.21 で a–a' が震源断層で右横ずれの動きを，b–b' が震源断層で左横ずれの動きをしたとき，図 6.20 のような押し引き分布になる。逆に初動の押し引き分布から節線を求め，さらに余震分布からどちらの節線が震源断層であるかがわかると，その地震の震源断層の動きを知ることができる。

　図 6.20 に示した押し引き分布は，震源断層がほぼ垂直で横ずれ断層であるときのものである。震源断層が傾いていたり，断層のくいちがいに縦ずれ成分があるとき，地図に示した押し引き分布は複雑なものとなる。しかしながら，震源のまわりでの押し引きを三次元的に考えると，押し引きの分布は，たがいに直交し，震源を通る二つの平面によって，四つの部分に分けられる。こ

の面を節面という。この節面もやはりそのどちらかが震源断層の面の方向と一致するので，押し引き分布から震源断層の動きを知ることができる。

初動の押し引き分布からわかるもう一つの重要なことは，地震を引き起こした力の向きを推定できることである。図 6.21 に示した震源断層の動きは，白い矢印で示される震源に対する押しの力と黒い矢印で示される引きの力によって引き起こされる。実際には，地下では岩盤の圧力によりどの方向からも押されているので，引きの力は平均的な押しの力と比べて押す力が小さいという意味である。この震源に対する押しの力の方向を P 軸，引きの力の方向を T 軸という。兵庫県南部地震では，震源に対して東西方向の押しの力，南北方向の引きの力となっている。

P 軸，T 軸の方向は地震によって違う。押し引き分布を用いて，多数の地震に P 軸，T 軸の方向を調べると，その地域で発生している地震を引き起こす力の方向を知ることができる。日本では，その大部分の地域では，東西方向に近い方向に押されており，例外的に，伊豆半島，御前崎などの地域では，南北方向に押されている。東西方向の押しは，ちょうど太平洋プレートの進む方向，南北方向の押しはフィリピン海プレートの進む方向に一致している。日本列島はこれらのプレートに押されることによって地震が発生している。

6.4 日本の地震活動

6.4.1 日本付近の震源分布

日本周辺には，太平洋プレート，フィリピン海プレート，ユーラシアプレートおよび北アメリカプレートの四つのプレートがある (図 5.21 参照)。日本付近の地震は，これらのプレートの相対運動にともなって，ひずみが蓄積することにより発生している。図 6.22 に，震源の深さが 40km より浅い地震の震央分布図を，図 6.23 に，深さが 40km よりも深い地震の震央分布図を示す。震源の深さが浅い地震は，海溝付近のみではなく内陸部にも震央の分布が見られる。内陸部に見られる震源の深さは，そのほとんどが 20km よりも浅いものである。図 6.23 を見ると，海溝と平行している震央の分布が，図 6.22 に比べて，日本列島に近くなっているのがわかる。

実際に，東北日本における東西断面に投影した震源の分布をつくってみると (図 6.24)，太平洋プレートの沈み込みにともない，太平洋側では浅くユー

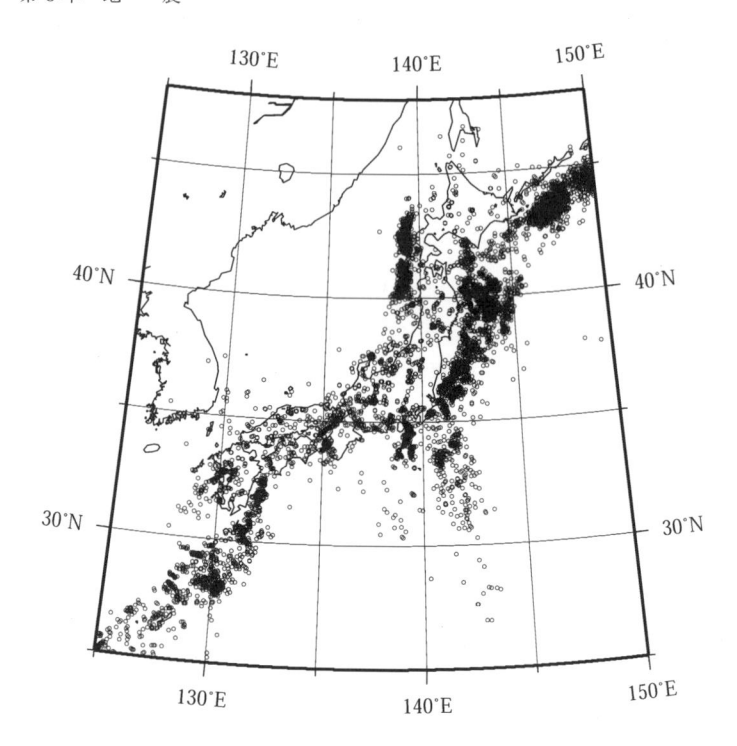

図 6.22　日本付近で発生する地震の震央分布 (気象庁のデータによる，1983 年〜1996 年)。震源の深さが 40km 以浅のものを示している。

ラシア大陸に向かうにつれて震源の深さが深くなっているのがわかる。場所によっても違うが，最も深いところで深さ 600km 程度のところまで続いている。フィリピン海プレートでも，沈み込みにともない震源が徐々に深くなっているが，その深さは 200km くらいまでである。海溝からプレートの沈み込みにともなう震源の分布を深発地震面 (和達・ベニオフゾーン) という。

6.4.2　日本付近で発生する大きな地震

表 6.3 に，濃尾地震以降の死者・行方不明 100 人以上を出した被害地震を示す。死亡原因は，陸上の被害では崖崩れ，建造物の崩壊，火災，海域に震源をもつ地震の場合は津波によって命を落とすものも多い。地震による災害は人的被害だけではなく，建造物や施設に対する被害，土地や地盤の変動による被害，産業や経済活動へ及ぼす被害，交通・通信施設への被害など，種々

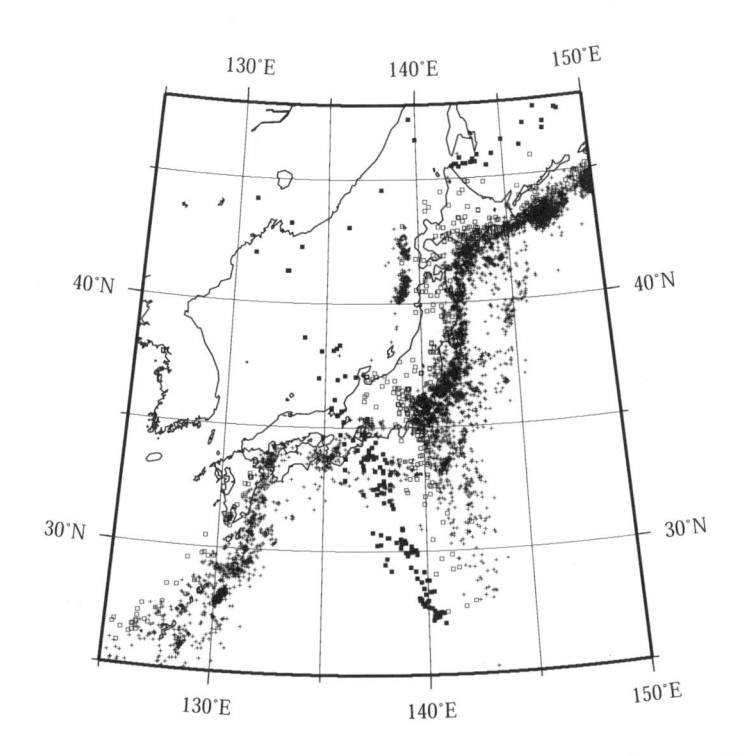

図 6.23　日本付近で発生する地震の震央分布 (気象庁のデータによる, 1983 年〜1996 年)。+：震源の深さ 40〜100km, □：100〜300km, ■：300km〜。

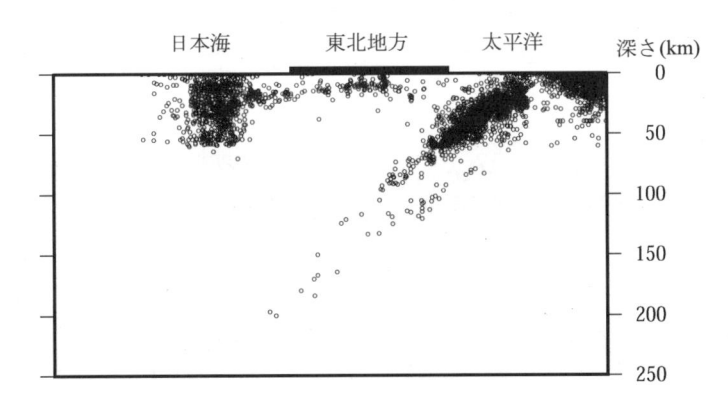

図 6.24　東北日本における東西断面に投影した震源の深さ分布 (気象庁のデータによる, 1983 年〜1996 年)。範囲は北緯 39°〜41°。

表 6.3 濃尾地震以降の死者 100 人以上を出した被害地震 (理科年表をもとに作成)

年/月/日	地震	M	地域	死者・行方不明者 (人)
1891/10/28	濃尾地震	8.0	愛知県・岐阜県	7,273
1894/10/22	庄内地震	7.0	庄内平野	726
1896/ 6/15	明治三陸地震津波	$8\frac{1}{2}$	三陸沖	21,959
1896/ 8/31	陸羽地震	7.2	秋田・岩手県境	209
1923/ 9/ 1	関東大地震	7.9	関東南部	142,000 余
1925/ 5/23	北但馬地震	6.8	但馬北部	428
1927/ 3/ 7	北丹後地震	7.3	京都府北西部	2,925
1930/11/26	北伊豆地震	7.3	伊豆北部	272
1933/ 3/ 3	三陸地震津波	8.1	三陸沖	3,064
1943/ 9/10	鳥取地震	7.2	鳥取付近	1,083
1944/12/ 7	東南海地震	7.9	東海道沖	1,223
1945/ 1/13	三河地震	6.8	愛知県南部	2,306
1946/12/21	南海地震	8.0	南海道沖	1,330
1948/ 6/28	福井地震	7.1	福井平野	3,769
1960/ 5/23	チリ地震津波	8.5	チリ沖	142
1983/ 5/26	日本海中部地震	7.7	秋田県沖	104
1993/ 7/12	北海道南西沖地震	7.8	北海道南西沖	230
1995/ 1/17	兵庫県南部地震	7.3	兵庫県南部地震	6,435

さまざまなものがある．

日本付近で発生する大きな地震は，大きく次のタイプに分けることができる．

(1) 海洋プレートの沈み込みにともなう地震

日本付近では，太平洋プレート，フィリピン海プレート，ユーラシアプレートの海洋プレートが沈み込んでいる．このような場所では，沈み込みにともない陸側の先端部が引きずり込まれてひずみが蓄積する．このひずみが限界に達したとき，海洋プレートと陸側のプレートとの境界に沿って破壊が起こり，マグニチュード 8 クラスの巨大地震が発生する (図 6.25)．このような地震の場合，その震源断層は逆断層になる．海洋プレートの沈み込みが続くかぎり，大きな地震が繰り返し発生することになる．1944 年東南海地震，1946 年南海地震，1923 年関東地震などはこのタイプの地震である．一方，海洋プレートの中で破壊が起こり，大きな地震が起こる場合もある．1933 年三陸地

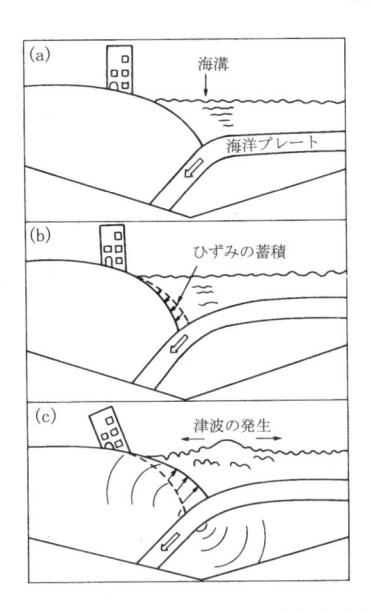

図 6.25 海洋プレートの沈み込みによる大地震の発生。(a) 海洋プレートの沈み込み。(b) これにともない陸側の先端部が引きずり込まれひずみが蓄積する。(c) 海洋プレートと陸側のプレートとの境界に沿って破壊が起こる。

震は，その震源断層は太平洋プレートの中で発生した正断層タイプの震源断層であった．

このタイプの地震の震源は海域にあるので，震源断層による地殻変動により津波を引き起こすことが多い．最近でも，1983年日本海中部地震や1993年北海道南西沖地震では，津波による犠牲者を出している．これらの地震の場合，震源が陸地に非常に近いところにあったため，揺れを感じてから津波が到達するまでの時間が短い．1983年日本海中部地震の際には，津波は，地震が発生してから7分で深浦に，8分で男鹿に到達した．1993年北海道南西沖地震では，5分程度で奥尻町に第1波が到達している．このような場合には，まだ揺れがおさまらないうちに高いところへ逃げる必要がある．

また，地震の中には，揺れはそれほど大きくないが大きな津波を引き起こすという性質をもつ地震がある．これを津波地震という．このような場合，揺れが小さいからといって安心できない．地震波は震源断層でのくいちがいにより放射されるが，揺れの大きさはくいちがいを生ずる速さがゆっくりにな

ると小さくなる．ふつうの M8 クラスの地震では，くいちがいが始まってから終わるまでの時間が 1 分程度であるが，津波地震では 10 分程度になる．海底に起こる変動がこれくらいのゆっくりしたものでも，津波を引き起こすには十分である．1896 年明治三陸地震はこの津波地震の典型的な例である．この地震による最大震度は 2〜3 程度であったが，地震後約 35 分で津波が三陸沿岸に来襲した．三陸町綾里では 38.2m の波高を記録している．

(2) 陸側のプレートで発生する地震

内陸でしばしば発生するマグニチュード 7 クラスの大地震は，活断層のすべりによって発生することが多い．日本の陸地では，6.3.5 項で述べたように，大部分が東西方向に押された力で地震が発生している．図 6.26 は，西日本にある活断層を示しているが，活断層の向きが北東−南西のものは右横ずれ，北西−南東のものは左横ずれをしている．このことは，活断層も東西方向に押されてできたことを表している．活断層は過去 100 万年くらいの活動 (地震の発生) が蓄積されていると考えられるが，その原因となった力は，現在発生している地震と同じであるということができる．

内陸で発生する地震は，海洋プレートの沈み込みで発生する地震に比べる

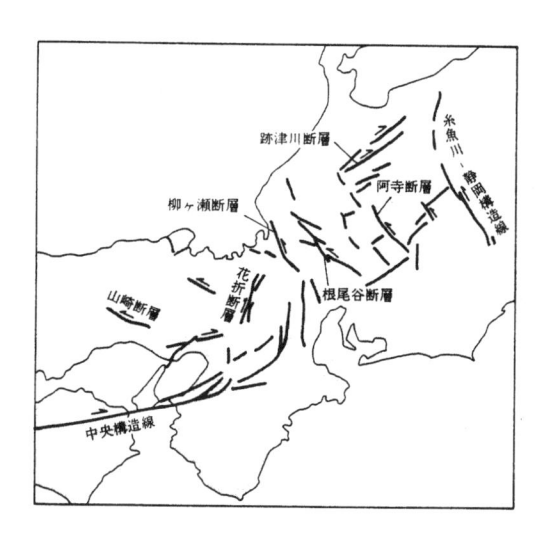

図 6.26　西日本における活断層 (松田，1995)

と規模は小さいが，直下型地震という表現があるように震源からの距離が近いため，大きな揺れを観測することがある．1948年福井地震，1995年兵庫県南部地震などはこのようなタイプの地震である．

6.5 地震の前兆現象

　大きな地震の発生に先立って，いくつかの現象が報告されている．これを前兆現象という．前兆現象は，地殻変動，地震活動，電磁気，地下水，動物の行動などに現れることが知られており，多種多様である．地震の前兆現象には，数年から数十年前に現れる長期的な前兆，数時間から数日前に現れる短期的な前兆がある．これらの前兆現象がどのようにして発生するのかということが明らかになれば，地震の予知ということに結びつけることができるが，現在のところはすべてを理解するには至っていない．

　海洋プレートの沈み込みにともなう地震については，発生機構が明らかになってきているが，この中で，駿河湾付近からその沖合いにかけての地域を震源とする「東海地震」については監視体制がとられており，予知の可能性があるとされている．

　ここでは，代表的な前兆現象について述べる．

6.5.1 地震活動の空白域

　海洋プレートの沈み込みにともなって発生する大きな地震は，6.4.2項で述べたようにひずみの蓄積と地震による解放を繰り返しているため，周期的に発生している．周期的といっても，完全にその時間間隔が同じというわけではない．その理由として，限界となるひずみは一定であるが，断層のすべりが地震によって違い，すべりが大きいときには次の地震が発生するまでの間隔が長くなり，すべりが小さいときには次の地震が発生するまでの間隔が短くなるというモデル(タイムプレディクタブルモデル)が考えられている．

　このような地震の震源域を地図上に示すと，震源域がたがいに隣り合い重なり合うことが少なく，海溝やトラフをおおいつくすように分布している．ある期間に発生した地震の震源域を地図上に示したとき，抜けた地域があるとすると，そこは地震を起こす能力があるのにもかかわらず，未破壊領域として残されていると考えられることになる．このような地域を第1種空白域

170 第6章 地震

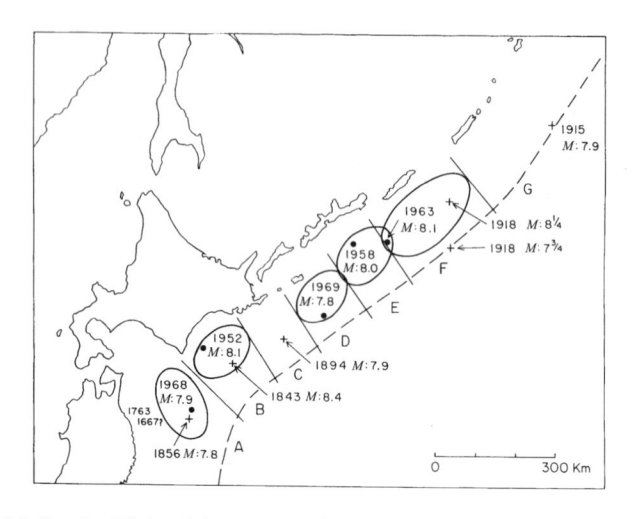

図 6.27 北海道の太平洋沖で発生した1950年以降に発生した地震の震源域 (宇津, 1972)

(あるいはたんに空白域) という。

　図 6.27 は，北海道の太平洋沖で発生した 1950 年以降のマグニチュード 8 クラスの地震の震源域が示されている．この図を見ると C 地域では，地震の発生がない．しかしながら，1894 年には $M7.9$ という地震が発生しており，地震を起こす能力がある地域である．この C 地域のような場所を空白域という．このように考えると，C 地域では，将来地震が発生することが予想されるということになる．この図は，1972 年につくられたものであるが，1973 年に $M7.4$ の根室半島沖地震が発生している．

　駿河湾付近からその沖合いにかけての地域も空白域であると考えられている．駿河湾から四国の足摺岬沖にかけては，100 年から 150 年くらいの間隔で $M8$ クラスの地震を繰り返し発生している．図 6.28 は，1707 年，1854 年，1944 年と 1946 年に発生した地震の震源域を示す．この図によると，1707 年，1854 年の地震では駿河湾の奥まで破壊しているが，1944 年東南海地震では，駿河湾の奥までは破壊されておらずここが空白域となっている．これが，「東海地震」がやってくるということの一つの根拠である．

　また，大きな地震が発生する前に，その震源域で小さな地震の活動が低下するという現象がある．先ほどの根室半島沖地震の前にもそのような傾向が見られた．図 6.29 は，$M \geqq 5$ の 1961～1970 年の地震活動の様子を表してい

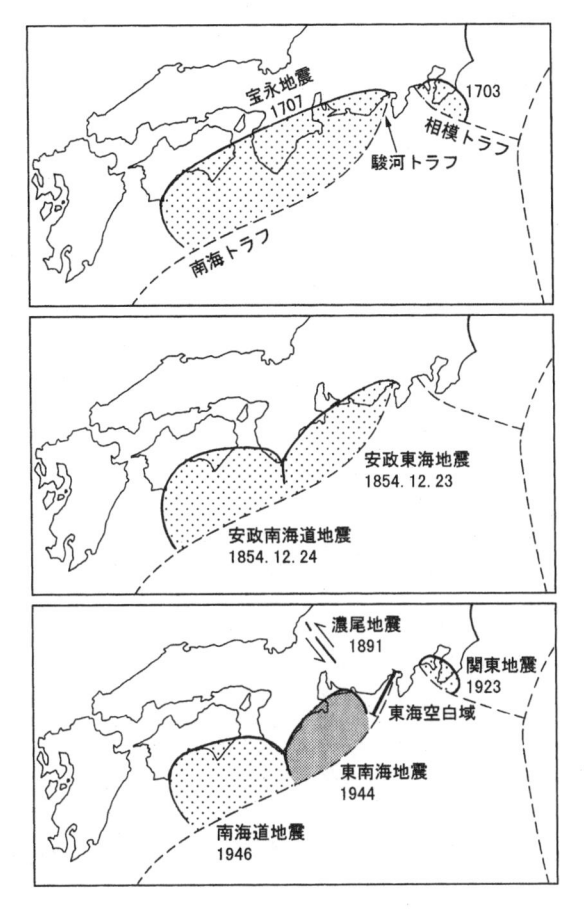

図 6.28 相模トラフ－南海トラフ沿いに発生した元禄－宝永，安政，昭和の地震の震源域 (茂木, 1998)

るが，1973年の震源域付近で地震活動の低下を明瞭に見ることができる。このような現象は他の大きな地震の際にも見られる。前兆的に現れる小さな地震の活動が低下する場所のことを第2種空白域という。したがって，第1種空白域が見られるところでは，地震活動の低下ということに注意が払われている。

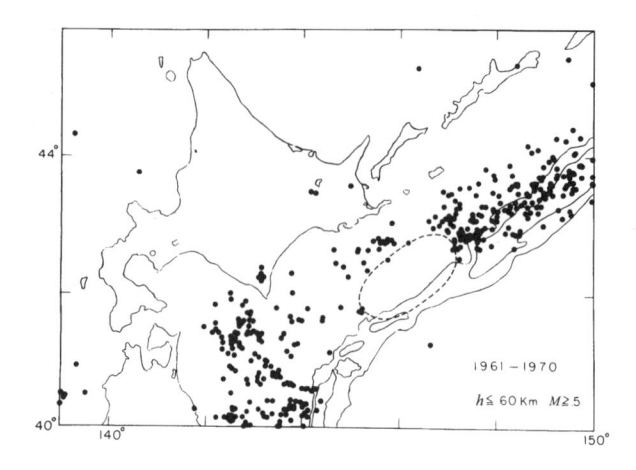

図 **6.29** 1961〜1970 年の期間に起こった深さが 60km よりも浅い $M \geqq 5$ の地震の震央分布 (宇津，1972)

6.5.2 前兆的な地殻変動

図 6.30 は，フィリピン海プレートの沈み込みによる御前崎の沈下の様子である。年々沈下が進行しているが，このことはひずみの蓄積が進んでいることを表している。地震が発生する前にこの変化の様子が変わらなければ，地震が発生するかどうかはわからないことになるが，現在のところ地震の前に沈下の傾向が遅くなり，直前には隆起に転じると考えられている。関東地震

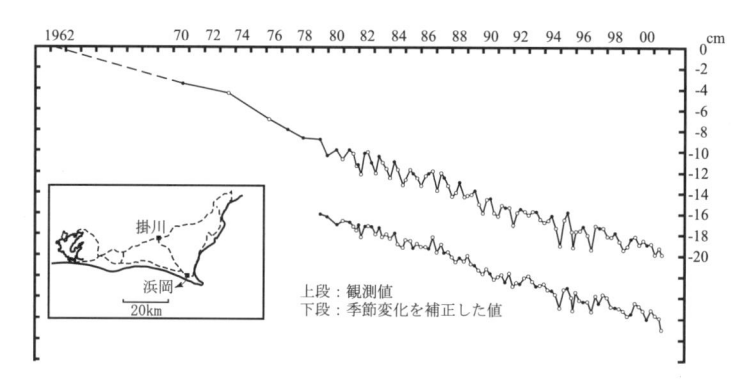

図 **6.30** 御前崎の沈降 (掛川に対する浜岡の上下変動)。下の線は季節変化を取り除いたもの (国土地理院の資料による)

の際には，三浦半島にある油壷の験潮記録から 10 年ほど前から土地の沈降の傾向が止まったという例がある．1944 年東南海地震の際には，ちょうど地震の数日前から御前崎近辺で水準測量が行われていた．1 日ほど前から測量の結果の誤差が大きくなり，当日の地震直前になると水平をとれなくなるというような現象が見られた．このときの測量結果から，ほぼ 2 日前から南側が隆起するような変動が起こり，しだいに加速して地震が発生したと考えられている．この量は現在の観測網で観測可能な量であり，このような前兆を正しく判断できれば，東海地震の予知の可能性がある．

参考文献

安藤雅孝，角田史雄，早川由紀夫，平原和朗，藤田至則：地震と火山 (新版地学教育講座 2)，東海大学出版会，1994.
金森博雄，安藤雅孝：関東大地震五十周年論文集，89-101，1973.
国立天文台編：理科年表 2001，丸善，2000.
前田直樹：地震 2，41，323-333，1988.
茂木清夫：地震予知を考える，岩波書店 (岩波新書)，1998.
松田時彦：活断層，岩波書店 (岩波新書)，1995.
宇津徳治：地震学，共立出版 (共立全書)，1977(第 3 版，2001).
宇津徳治：地震予知連絡会報，7，7-12，1972.

第7章

火　　山

　マグマが地表近くに達して噴出してできた地形を火山という。だいたい第四紀 (現在から 170 万年前まで) に活動したものを火山という。火山の中で現在活動しているものを活火山という。地球科学の中では，"現在" がどれくらいの時間スケールなのかを念頭におかなければならないが，日本の気象庁で用いている活火山の定義は，過去 10,000 年間に噴火したものとなっている。かつては，"休火山" という言い方があった。富士山は休火山であるといわれていた。現在，このことばは使われておらず，富士山も上の定義にしたがい，活火山に分類されている。

　この章では，火山の分布，噴火，災害について述べる。

7.1　火山の分布

　地球上の火山の数はその定義によっても変わるが，およそ数千に及ぶ。過去 10,000 年間に噴火したものを活火山とよぶとすると，800 あまりが活火山である。この数は陸上の火山についてのものであり，海底火山は含まれていない。

　図 7.1 に，世界の活火山の分布を示す。火山は，① プレートの発散境界 (大西洋中央海嶺，東太平洋海膨，東アフリカ地溝帯など)，② ホットスポット (ハワイなど)，③ 島弧 (日本列島，南アメリカのアンデスなど)，に分布している。

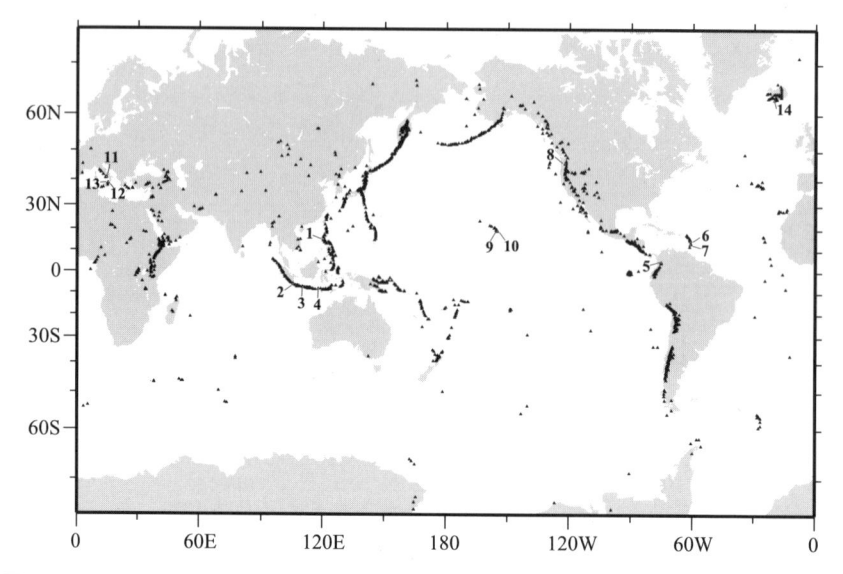

図 7.1　世界の主な活火山 (スミソニアン博物館による)．以下は，本文中に現れる火山．1：ピナツボ，2：クラカトア，3：メラピ，4：タンボラ，5：ネバドデルルイス，6：モンプレ，7：スーフリエール，8：セントヘレンズ，9：マウナロア，10：キラウエア，11：ベズビオ，12：ストロンボリ，13：ブルカノ，14：スルツェイ．

中央海嶺には，海上に姿を現しているものだけではなく，海底にも火山がある．深海探査船により，熱水活動や黒煙の上昇などの活発な火山活動が観測されている．噴火の記録が残っているものでは，島弧の火山についてその数が圧倒的に多いが，噴火により地表および海底に噴出する物質の割合は，中央海嶺で最も多く約8割を占めている．中央海嶺では，離れていくプレートのすきまを埋めるようにマントルからの高温物質が上昇してくる．

ハワイはプレート内にある火山である．太平洋プレートの動きによらず，固定した場所でマグマの供給が行われるため，火山島や海山の列をつくる(図 5.22)．このような場所をホットスポットという．太平洋には，ハワイだけではなく南太平洋の地域にもホットスポットが見られる．南太平洋では，マントルの下部からスーパーホットプルームとよばれる高温物質の上昇流が見られ (5.6 節参照)，これがマグマの供給源になっている．

マントル内の岩石は，圧力が高くなると融点が上がる傾向がある．マントル内の上昇流は，深さが浅くなるとともに圧力が減少し融点が下がる．マン

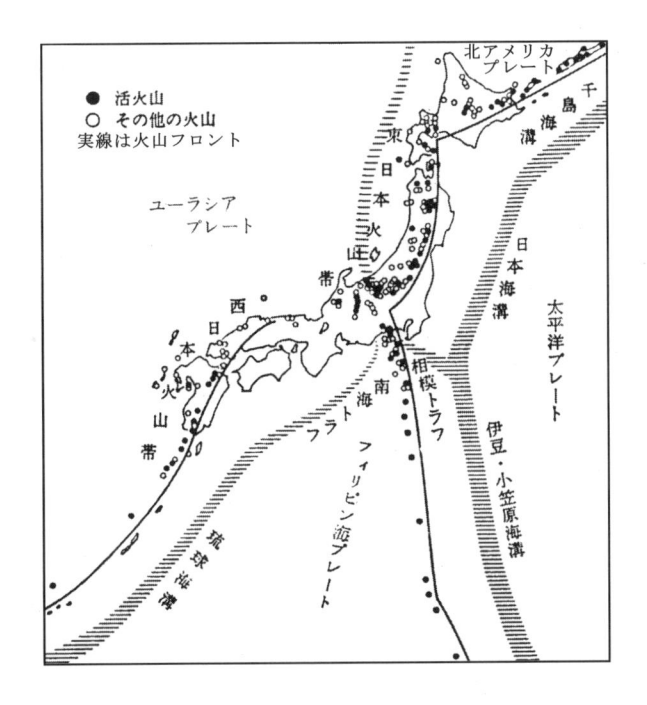

図 **7.2** 日本の火山分布

トルの上昇流の温度も深さとともに下がるが，深さ 100km くらいのところで融点が下まわることとなり，融解が始まってマグマとなる．中央海嶺やホットスポットでは，このような機構でマグマが生まれている．

日本の火山は，海溝型 (島弧型) 火山である．太平洋プレートやフィリピン海プレートが沈み込み，千島海溝，日本海溝，伊豆・小笠原海溝，南西諸島 (琉球) 海溝を形づくっている．日本は，これらの海溝に平行して，千島列島と北海道，東北日本，伊豆・小笠原諸島，九州と南西諸島と，弓形に湾曲した弧状列島になっている．火山はこれらの弧状列島上で海溝から西に約 300km 離れたところから大陸側に生じている (図 7.2)．この火山のあるところとないところの境界を火山フロント (火山前線) という．プレートの沈み込みにともなって，地震の分布がだんだん深くなっていく．これを深発地震面 (和達・ベニオフゾーン) という．火山フロントは深発地震面の深さが 100 から 150km のところにあたる．海溝型の火山の場合は，中央海嶺やホットスポットとは

違い，マントルから直接高温物質の供給があるわけではなく，二次的にマグマが発生している。岩石が溶けてマグマができる条件が整うのが，深発地震面の深さが 110 から 150km 程度のところであるため，火山フロントのような特徴が見られる。

日本には第四紀に生成した火山が約 250 ほどあるが，このうち 108 の火山 (北方領土の 11 火山を含む) が気象庁により活火山に指定されている。

7.2 噴　　火

7.2.1 マグマの性質

マグマは地球内部の岩石が溶けた状態のものを指す。地下深部でできたマグマが上昇して地表近くまでたどりつき，地表に噴出する現象が噴火である。マントルでできたときのマグマは玄武岩質マグマとよばれる。中央海嶺やホットスポットにある火山での噴出物はほとんど玄武岩質である。これに対して，海溝型 (島弧型) の火山では，マントルでできたマグマがそのまま一気に噴出するわけではなく，上昇の過程で温度が下がり徐々に結晶ができていく。また，周囲の物質と反応を起こす。したがって，マグマの上昇にともない化学組成は変化することになる。もともとできたマグマ (玄武岩質マグマ) から安山岩質マグマができ，さらに冷却にともないデイサイト質マグマ，流紋岩質

表 7.1　マグマの種類と性質

マグマ	玄武岩質	安山岩質	デイサイト質	流紋岩質
SiO_2	少	←	→	多
（重量%）	45–53.5	53.5–62	62–70	70 以上
粘性	低	←	→	高
噴出温度	高	←	→	低
（°C）	1,000–1,200	950–1,200	800–1,100	700–900
噴出物の色	黒–灰	灰	灰–茶	褐色–白
噴火・噴火様式	溶岩流 (流動的)	溶岩流	溶岩ドーム	溶岩ドーム
	溶岩噴泉	爆発的	爆発的	爆発的
			火砕流	火砕流
火山の例	ハワイの火山	浅間山	ピナツボ	神津島
	伊豆大島	桜島	有珠山	新島

マグマができる。冷却にともない，徐々にシリカ(二酸化ケイ素，SiO_2)の成分が多くなる。マグマの成分の中では，シリカの占める割合が多く，マグマの物理的な性質を大きく支配している(表 7.1)。シリカが多くなると物質の粘性(粘り気)が高くなる。また，噴出温度は玄武岩質マグマで最も高く，流紋岩質マグマでは低い。このことも粘性に大きく影響している。このようなマグマの物理的な性質の違いが噴火の様式の違いを生むことになる。

7.2.2 噴火の様式

噴火の性質を定性的に表すための分類の一つとして，火山の固有名をつけたマクドナルドの分類が用いられる。噴火の際には，いろいろな現象が起こるので，どのような現象が起こったかをそれぞれ記載するのが正確なやり方であるが，この分類では，有名な噴火にその典型を求めていてわかりやすいので，広く用いられている。ただし，分類の名前となっている火山でも違うタイプの噴火を起こすことがあるので，混乱を招きやすいという欠点もある。

(1) 玄武岩質洪水噴火

粘性が低く流動性に富んだ玄武岩質マグマを広域にわたって生じた火口から噴出する。広域にわたる割れ目から巨大な溶岩噴泉が立ち，短時間に多量の溶岩が噴出される。デカン高原(インド)，コロンビア川台地(アメリカ)のように広大な玄武岩台地を形成する。

(2) ハワイ式噴火

1,000～1,200°C の高温な玄武岩質マグマが噴水のように噴出する。粘性が低く流動性に富んでいる点では，玄武岩質洪水噴火と同じだが，1回の噴出量が少ない。しばしば溶岩湖を形成したり，山腹に割れ目火口をつくって溶岩を流出するが，激しい爆発はともなわない。この様式の噴火では溶岩は厚く堆積しないで横方向に広がるので，できた火山は楯状火山とよばれる傾斜のゆるい火山となる。ハワイにあるキラウエアとマウナロア火山で起こる噴火様式にちなんだ名称である。

(3) ストロンボリ式噴火

小爆発が頻繁に起こり，溶岩片が盛んに噴き上げられる。玄武岩ないしこれに近い安山岩のマグマで，ハワイ式噴火の溶岩より粘性がやや高い火山で

起こる。この様式は，地中海の灯台といわれるストロンボリ火山(イタリア)でよく起こることから名づけられた。

(4) ブルカノ式噴火

1,000°C 程度の安山岩質マグマを噴出する。溶岩の粘性がストロンボリ式噴火の場合より高いので，固まった溶岩を爆発によって噴出する。1回の爆発で大きなエネルギーを消費するので，爆発と爆発の間隔は長い。このような噴火では，火山砕屑物は厚く積もって成層火山をつくる。ブルカノ火山(イタリア)の噴火で代表されるのでこの名がつけられた。浅間山や桜島(図 7.3)の大部分の噴火がこの様式である。

図 **7.3**　桜島南岳の噴煙 (前田直樹撮影)

(5) プリニー式噴火

西暦 79 年，ベズビオ火山(イタリア)では，ポンペイが埋没した。噴火の模様が大プリニウス，小プリニウスによって記述されたことから命名されている。ブルカノ式噴火の規模の大きな噴火で，成層圏に達する高い噴煙柱と広範囲での軽石の降下がある。火砕流の発生をともなうことが多い。最近では，1991 年ピナツボ火山(フィリピン)の噴火がこの様式にあたる。

(6) 水蒸気爆発

火山の地下にある高温のガスが地下水が接触すると，地下水が急激に水蒸気へと変わり，高い圧力が急激に発生する。そして，粉砕された岩石破片と火山灰が爆発的に放出される。マグマ物質が放出されない噴火がこのようによばれる。磐梯山の1888年の噴火のように山体を崩壊させることもある。

(7) マグマ水蒸気爆発

高温のマグマと海水や地下水と接触すると急激に蒸発が起こるため，爆発的な噴火が起こる。海に囲まれた火山島では海岸付近で発生し，海岸付近に円形の湾をつくる。海底での噴火もこれに属する。マグマ水蒸気爆発の中でも，多量の湖水や海水が粘性の低いマグマと接触する噴火をスルツェイ式噴火という。1963年から1967年にかけてアイスランドの沖に生まれたスルツェイという火山島の噴火の形式にちなんだ名前である。

7.3 火山からの噴出物

火山からは，火山ガス，溶岩，火山砕屑物(略して火砕物)などが放出される。

7.3.1 火山ガス

地下にあるマグマには，ガスが溶け込んでいる。その90%以上は水蒸気(H_2O)であるが，それ以外にも二酸化炭素(CO_2)，二酸化硫黄(SO_2)，硫化水素(H_2S)などのガスが含まれている。地表近くでは圧力が下がるため，マグマにガスが溶け込めなくなり，地表へと放出される。これを火山ガスという。火山ガスは噴火のときだけではなく，火山，温泉，地熱地帯では，いつも放出されている。二酸化炭素(CO_2)，二酸化硫黄(SO_2)，硫化水素(H_2S)は濃度が高くなると，人体に影響を与える。

7.3.2 溶岩流

マグマが流動する状態で地表に噴出する高温度の物質を溶岩という。これが冷えて固まったとき，最大の厚さで長さを割った比が1/8以下であれば溶岩流，1/8を超えると溶岩ドーム(溶岩円頂丘)という。溶岩流は流れる速度が遅いので，人間が飲み込まれるようなことは少ない。

7.3.3 火砕物

溶岩が噴火の圧力によって小さい塊に引きちぎられたり，細かく砕かれたりして，噴火口から放出された物質を火砕物という。その粒子の大きさによって，火山岩塊 (64mm 以上)，火山れき (64～2mm)，火山灰 (2mm 以下) に分けられる。

その大きさにかかわらず，その形や内部組織によって分類されるものがある。マグマの中には火山ガスが含まれるが，地表付近で圧力が下がるとガスが発泡する。マグマが発泡した状態で爆発的に放出されると，穴がたくさんある軽石やスコリアが放出される。軽石は，よく発泡していて水に浮く火砕物である。スコリアは，発泡しているが水に沈む火砕物である。デイサイト～流紋岩質マグマのほうがより爆発的なので発泡が進んでおり，軽石は白色に近い色をしている。高温のマグマがまだ固まっていない状態で空中を飛びながら冷えて固まったものを火山弾という。紡錘形 (ラグビーボールのような形) や球形をしているものが多い。

7.4 火山による災害

噴火の際に生ずるさまざまな現象により，災害が発生する。1700 年以降に死者 10,000 人以上の被害を発生させた世界の噴火を表 7.2 に示す。また，図 7.4 に原因別の死者数の割合を示す。これらを見ると，17～19 世紀の飢餓・疫病，津波，20 世紀に入ってからの火砕流と岩屑なだれ，火山泥流による犠牲者がめだつ。ただし，この傾向には，特定の噴火による大量の犠牲者が大きくきいているのであり，火山災害の傾向が変わったわけではない。火山災害には，

表 7.2 1700 年以降の死者 10,000 人以上の火山災害 (理科年表をもとに作成)

No.	火山名	噴火年	死者数 (千人)	主な死因
1	タンボラ (インドネシア)	1815	92	飢饉, 火砕流
2	クラカトア (インドネシア)	1883	36	津波
3	モンプレ (フランス領マルチニク島)	1902	29	火砕流
4	ネバドデルルイス (コロンビア)	1985	25	泥流
5	雲仙岳 (日本)	1792	15	津波
6	ラキ (アイスランド)	1783	10	飢饉

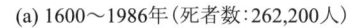

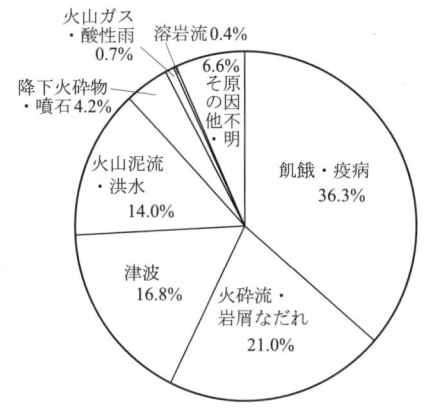

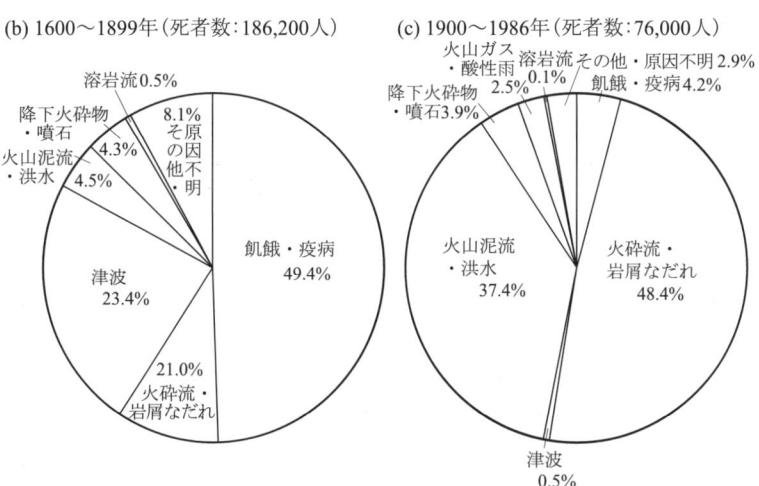

図 7.4 火山災害による死者の原因別割合 (Tilling, 1989 をもとに作成)。(a) 1600〜1986 年，(b) 1600〜1899 年，(c) 1900〜1986 年。

火山現象に直接関係するものと火山現象にともなって生ずる現象による間接的なものに大きく分けることができる。火砕流，岩屑なだれ，火山泥流は直接的な要因，飢餓・疫病，津波は間接的な要因である。

7.4.1 火砕流

　火砕流は，火山の爆発のときに火砕物が火山ガスとともに地表面を高速で流れ下る現象である。実測された火砕流の速さは 10〜50m/s(=36〜180km/h)

である。数十 m の高さの山を乗り越えたり，海をわたる場合もある。

　火砕流はその噴火規模により，① 小規模火砕流：熱雲，② 中間型火砕流：軽石流，スコリア流，③ 大規模火砕流：軽石流，火山灰流，の三つに分類される。小規模火砕流は，しばしば発生し大きな被害をもたらすが，中間型火砕流，大規模火砕流の起こる頻度はあまり多くない。しかしながら，大規模火砕流になると 100km 以上も流れることが，地質に残された火砕流の堆積物から知られている。

　小規模火砕流の発生のしかたには，① 厚い溶岩流や溶岩ドームが崩壊して発生するもの (メラピ型)，② 成長しつつある溶岩ドームが爆発により水平方向に飛ばされるもの (プレ型)，③ 火口から火山灰が上方に噴き上げてから崩落したり，火口から直接噴きこぼれるもの (スーフリエール型)，の三種類がある。

　火砕流が初めて認識されたのは，カリブ海のフランス領マルチニク島にあるモンプレ火山の 1902 年の噴火である。この火砕流は，8km 離れた山麓の町サンピエールを一瞬にして焼き払った。このとき，28,000 人の市民のうち助かったのは，地下牢にいた囚人と，若い靴屋の 2 人だけであった。日本では，雲仙普賢岳で 1991 年 6 月 3 日に溶岩ドームの大部分が崩壊して火砕流が発生し，43 人の犠牲者を出している。

7.4.2　岩屑なだれ

　1980 年セントヘレンズの噴火では，$M5.1$ の地震が引き金となって，大規模な崩壊が始まり，10 分もかからずに 28km 離れた山麓に達した。このように火山の山体が崩壊し，高速に流れる現象を岩屑なだれという。1888 年磐梯山の噴火の際には，水蒸気爆発により山体崩壊が起き，広範囲に土砂を堆積し，多くの湖や沼をつくっている。

7.4.3　火山泥流

　火山砕屑物が水により流されて山麓に運ばれる現象を火山泥流 (ラハール) という。火山泥流には，火山活動により直接引き起こされる一次泥流，直接火山活動とは関係なく発生する二次泥流がある。

　噴火による火山泥流では，火口湖内での噴火による火口壁の決壊，高温の火砕物による積雪や氷河の急速な融解，火砕流・岩屑なだれの水系への流入

などにより，水を得て泥流となる。

　ネバドデルルイス火山の 1985 年の噴火では，山頂部の氷河を溶かして泥流が発生し，爆発 30 分後には火口から 50km 離れたアルメロ市を襲い，25,000 人の犠牲者を出している。日本では，十勝岳の 1926 年の噴火の例がある。1926 年 5 月 24 日の水蒸気爆発で生じた岩屑なだれは積雪を溶かし泥流が発生した。このときは，爆発後 25 分あまりで火口から 25km 離れた上富良野の市街地に達し，144 人の犠牲者を出している。

　噴火後堆積した火砕物が降雨などで水を得ると，二次泥流が発生する。有珠山，桜島，雲仙普賢岳などでは，砂防ダムなどの防災対策が行われている。

7.4.4　津　　波

　火山活動にともなう津波の直接的な原因として，海底噴火，火山噴出物の海への流下，斜面崩壊物の海への流入，海底でのカルデラ形成にともなう地盤沈下，火山活動に関連した地震，をあげることができる。

　クラカトア火山は，インドネシアのジャワ島とスマトラ島との間のスンダ海峡に位置した火山島である。1883 年の爆発では山体の約 3 分の 2 が噴き飛ばされ，その衝撃でスンダ海峡沿岸では，高さ 30～36m の大津波が発生し，一瞬にして 36,000 人の命を奪った。

　雲仙岳では，1792 年に大噴火があり，噴火中の地震で眉山が崩壊して有明海になだれ込み，大津波を発生させた。津波は対岸の肥後地方 (熊本) などを襲い，一挙に 15,000 人の犠牲者を出した。これは人的被害において日本の火山災害史上最大の惨事であった。「島原大変肥後迷惑」という災害名で伝えられている。

7.4.5　飢餓・疫病

　タンボラ火山 (インドネシア) の 1815 年の噴火は激烈を極め，火砕流を発生し，爆風は山腹の巨木を根こそぎ吹き飛ばし，海面は無数の木材でおおわれた。溶岩は山の各方面へ流れて海へ達した。噴火のため，山の上部 3 分の 1 が吹き飛ばされてなくなり，4,300m あった山の高さは 2,851m となり，直径約 6km の大きなカルデラを生じた。この噴火にともなって，火山島の海岸では 1～5m も隆起したところがあり，一方，タンボラの街では 5m も沈下して海面下に没したところもあった。このような状況下で，住居，食料，飲料水は

すべて破壊され、外部との交通手段(船)も使えなくなった。たちまち餓死者が出始め、さらに伝染病が流行して次々と病死していった。噴火による直接の死者は、約12,000人であったが、二次災害としての餓死・病死は約80,000人にも達し、計92,000人もの犠牲者を出した。

7.4.6 火山ガス

火山ガスには、二酸化炭素(CO_2)、二酸化硫黄(SO_2)、硫化水素(H_2S)などの人体に影響を与えるガスが含まれている。1986年アフリカ西部のカメルーンのニオス湖では噴出した二酸化炭素により1,700人以上の人と多数の家畜が死んだ。

日本でも、1950年以降27件の死亡事故があり、47名の死者がある。火山の火口や噴気孔のそばだけではなく、硫化水素や二酸化炭素を大量に含む温泉水の近くでも中毒になることがある。火山ガスは空気よりも重いので谷筋など低いところにたまりやすい。屋内や坑内などではガスが拡散しないので、とくにたまりやすい。風がないなどの気象条件やいくつかの条件が重なると事故につながる。

7.5 噴火予知

火山の噴火予知の目的は、その発生を予測し危険区域外へ避難することによって人的被害を最小限にくいとめることにある。そのためには、① いつ、② どこから、③ どのような噴火が、④ どれくらいの規模で、発生するのかを予測することが必要となる。また、いったん噴火が始まったならば、⑤ いつまで続くのか、を予測することも大切である。これらを噴火予知の五要素という。

噴火は、マグマが地表に噴出する現象であるから、マグマの動きを把握することが大切である。そのため、地震の観測、地殻変動観測、重力測定、地磁気測定、大地電気抵抗測定、火山ガスの成分分析、火山ガスの放出量測定、噴気温度測定、地表面温度測定、温泉水の水位測定・水温測定・水質分析、地中温度測定など多項目の測定を行う必要がある。

噴火予知は、数多くの噴火とその前兆現象をいろいろな手段で観測・研究して、ある法則性を経験的に導き出さざるをえない。したがって、ふだんから

多様な観測を行っている火山についてはある程度の予測ができるようになった。桜島では，噴火の数時間前に山体が少しふくらみ地震も起こるので，山頂からの噴火については予報が可能になっている。桜島は活動的な火山であるため，このような経験を多く積むことができる。数百年，数千年に1回噴火するような火山では，このような経験を積むことはできないが，ある程度の観測体制が整っていれば，起こるかもしれないという予測ができる場合もある。1990年から始まった雲仙普賢岳の噴火では，地震の活動域が徐々に浅くなりかつ火口に向かうという変化などが現れていたため，数ヶ月前から噴火が予想されていた。

　しかしながら，同じ火山でも過去の噴火と違う様式の噴火が起こることがあるので，将来どのような様式の噴火を行うのかを正確に予測するのは難しい。また，噴火が始まった後でいつまで噴火が続くのかということを予知するためには，地下にどのくらいの量のマグマが蓄えられていて，それがどれくらい噴けば終わるのかということを予想する必要があるが，このことは非常に難しい。このような予知を行うためには，地下にあるマグマの量や噴火が起こるメカニズムについてのさらに深い理解が必要である。

参考文献

安藤雅孝，角田史雄，早川由紀夫，平原和朗，藤田至則：地震と火山(新版地学教育講座2)，東海大学出版会，1994.
兼岡一郎，井田喜明編：火山とマグマ，東京大学出版会，1997.
国立天文台編：理科年表2001，丸善，2000.
下鶴大輔：火山のはなし，朝倉書店，2000.
Smithsonian Institution, Global Volcanism Program：http://www.volcano.si.edu/gvp/
巽 好幸：沈み込み帯のマグマ学　全マントルダイナミクスに向けて，東京大学出版会，1995.
Tilling, R.I.：Review of Geophisics, 27(2), 260, 1989.
宇井忠英 編：火山噴火と災害，東京大学出版会，1997.
横山 泉，荒牧重雄，中村一明編：火山，岩波書店，1992.

索　引

670km 不連続面　134
gal　101
GPS　103, 106, 156
ISC　144
P 軸　163
P 波　3, 141
(S − P) 時間　143
SLR　108
S 波　3, 141
T 軸　163
USGS　144
VLBI　108

ア　行

アイソスタシー　123
浅間山　180
アセノスフェア　126
油壷　173
アメリカ合衆国国防省　106
アメリカ合衆国地質調査所　144

アルベド　6, 9, 82
安山岩質マグマ　178
硫黄酸化物　52
異常震域　148
一等水準点　106
インドモンスーン　37, 73
ウィルソンサイクル　133
ウェゲナー　119
有珠山　185
宇宙線　3, 9
うねり　87
雲仙普賢岳　184, 185
衛星レーザ測距　108
エーロゾル粒子　20
疫病　182
エクマンスパイラル　72
エラトステネス　97
エルニーニョ　76, 91
エルニーニョイベント　91
遠心力　98
鉛直循環　77
塩分濃度　65

索引

塩類　65

小笠原気団　36
押し引き分布　163
オゾン　20
オゾンホール　53, 54
オホーツク海気団　37
御前崎　173
親潮　76
温室効果　7, 9, 15, 56
温帯低気圧　41
温暖前線　40

カ 行

外核　3, 114
海溝　63, 123
海水の密度　68
回転楕円体　99
海氷　77, 94
海洋性寒帯気団　37
海洋性熱帯気団　36
海洋大循環　70, 72
海洋中の渦　79
海洋底拡大説　124
海洋底更新説　124
海洋プレート　128
海陸風　45
海流　70, 72
海流の西岸強化　72
ガウス　113
ガウス期　119
下降気流　25, 32, 38, 47, 49
火砕物　181
火砕流　180, 182
火山ガス　181
火山岩塊　182
火山弾　182
火山泥流　182, 184
火山灰　182

火山噴火予知　107
火山れき　182
風　23
活火山　175
下部マントル　3
軽石　182
干渉合成開口レーダ　109, 156
岩屑なだれ　182
乾燥空気　20
乾燥断熱減率　26
環太平洋造山帯　129
関東地震　166
関東大地震　104
寒冷前線　39
気圧　16, 18, 19
気圧傾度力　42, 43
気温　18, 21
飢餓　182
気候　15, 35
気候変動　51, 91
気象　15
気象衛星　11
気象擾乱　15, 44, 45, 89
気象庁震度階級　144
季節　33
季節変化　35
北アメリカプレート　131
気団　34
気団変質　35
起潮力　89
ギャオ　128
逆断層　154
キュリー点　118
極域　10, 93
極域成層圏雲　28, 54
極移動　121
極移動曲線　121
極半径　2, 100

巨大地震　128
キラウエア　179
霧　28
ギルバート　113
ギルバート期　119

グーテンベルグ　151
グーテンベルグ・リヒターの式　153
空白域　170
クエーサー　108
雲　28
クラカトア火山　185
黒潮　75

経緯度原点　104
計測震度計　145
傾度力　43
圏界面　16
顕生代　51
原点方位角　104
顕熱　82
玄武岩質洪水噴火　179
玄武岩質マグマ　178

高気圧　38
降水　29
合成開口レーダ　11, 108
高層天気図　19
公転軌道　6
コールドプルーム　135
国際地震センター　144
国防省　106
弧状列島　177
古生代　119, 121
古地磁気学　118
コリオリの力　31, 42, 70
コリオリのパラメター　71
コロンビア川台地　179
ゴンドワナ　133

サ　行

サーモクライン　68
最大波高　86
桜島　180, 185
サンアンドレアス断層　130
三角測量　104
三角点　105
三畳紀　121
酸性雨　52, 53
酸素　58–60
三陸地震　167

ジェット気流　31
ジオイド　14, 100, 102, 103
磁気モーメント　117
磁極　115
子午線　99
子午面　31
　——の鉛直循環　31
地震計　139
地震波　2, 3, 139
　——速度　3
地震波トモグラフィ　134
地震予知　107
志田　161
湿潤空気　15, 20
湿潤断熱減率　27
実体波　142
実体波マグニチュード　151
湿度　21
シノプティックスケール　38
シビアストーム　45, 47
シベリア気団　35
周極海流　74
収束型境界　128
集中豪雨　29, 45
重力　101, 109
重力異常　109

重力計　109
受動型センサー　11
ジュラ紀　121
準拠楕円体　103, 107
準星　108
上昇気流　25, 32, 45
上部マントル　3
小プリニウス　180
初期微動継続時間　143
植生　9
シリカ　179
シルル紀　121
震央　143
震央分布　127
震源　143
震源域　160
震源断層　139, 154, 160
深水波　87, 88
深層水コンベアベルト　78
震度　139, 144
震度階級　144
深発地震面　129, 164, 177

水準儀　105
水準原点　104, 105
水準測量　104
水蒸気　9, 33
水蒸気圧　21
水蒸気爆発　181
吹送距離　87
吹送流　71
スカンジナビア半島　123
スコリア　182
ステファン・ボルツマンの法則　6
ストロンボリ式噴火　179
スラブ　133
スルチェイ　181

正規重力　101, 109

成層火山　180
成層圏　16, 180
正断層　154
世界測地系　108
赤外線　31
赤外線の射出率　7
赤外線放射量　7
赤外放射　81
石炭紀　119
赤道潜流　76
赤道半径　2, 100
積乱雲　28, 45
節線　161
絶対測定　109
節面　163
旋衡風　42, 43
全磁力　115
浅水波　88, 89
前線　39
剪断波　141
前兆現象　169
セントヘレンズ　184
潜熱　26, 49, 82

総観規模　38
造山運動　129
造山帯　128
走時　143
相対湿度　21
相対測定　109
測地基準系1980　100, 101
ソマリー海流　37, 73
疎密波　141

タ 行

大気汚染　52
大気境界層　21
大気大循環　30, 31, 34, 37
大気の窓　9

大気放射　20, 82
第三紀　121
対数法則　25
大地溝帯　128
台風　15, 43, 48
大プリニウス　180
太平洋プレート　131
タイムプレディクタブルモデル　169
太陽系　1
太陽定数　6
太陽風　3, 17
太陽放射　6, 7, 30
　——のスペクトル　7
第四紀　118, 121, 175
大陸移動説　119
大陸性寒帯気団　35
大陸性熱帯気団　37
大陸棚　63
大陸プレート　128
対流　122
対流圏　15, 16
ダウンバースト　45
竜巻　43, 45
縦ずれ断層　154
縦波　141
弾性波　139
断層　154
断熱変化　26
タンボラ火山　185

地殻　3
地殻均衡　123
地殻変動　104, 106, 107, 109
地球環境　2, 57, 62
地球太陽間距離　6
地球楕円体　100, 103, 108
地形補正　110
地衡風　42
地磁気　113

　——の逆転　118, 124
　——の三要素　117
地磁気異常の縞模様　124
地質時代　57, 121
地質調査所　144
窒素酸化物　52
中央海嶺　123, 176
中間圏　16
中規模渦　79
中軸谷　123
中生代　121
潮汐　89
超大陸　119, 133
超長基線干渉計　108
超伝導重力計　109
直下型地震　169

通風乾湿計　22
対馬海流　35, 76
津波　88, 89, 167, 182, 185
津波地震　167

ディーツ　123
低気圧　38
デイサイト質マグマ　178
停滞前線　40
テープレコーダモデル　125
デカン高原　179
天気図　38
転向力　31
電子基準点　106
天測　64

東海地震　169
島弧　128
東南海地震　166
等ポテンシャル面　102
十勝岳　185
都市気候　55
トランスフォーム断層　130

索　引　193

トルネード　45, 48

ナ行

内核　3
内部波　68
南海地震　166

ニオス湖　186
二酸化ケイ素　179
二酸化炭素　9, 52, 56, 58
日射　5, 6, 81
日本海中部地震　167
日本測地系　107
ニュートン　98

ヌーナ　133

熱塩対流　77
熱圏　16
熱残留磁気　118
熱帯低気圧　41, 48
ネバドデルルイス火山　185
根室半島沖地震　170
年降水量　29

能動型センサー　11
濃尾地震　164

ハ行

梅雨　15, 37, 40, 41
梅雨前線　40, 45
波高　86
発散型境界　128
ハドレー循環　31
波浪　85
ハワイ式噴火　179
バンアレン帯　3
パンゲア　119, 133
磐梯山　181, 184
汎地球測位システム　106

万有引力　101
　　―定数　101

ヒートアイランド　55
東シナ海低気圧　36, 84
比湿　22, 82
ピナツボ　180
ヒマラヤ山脈　129
標高　104
兵庫県南部地震　169
標準大気　18
氷晶　29
表面波　142
表面波マグニチュード　151

フィリピン海プレート　131
ブーゲー異常　110
ブーゲー補正　110
風向　23
風車型風向風速計　24
風速　23
風浪　87
フェーン現象　27
フェレル循環　31
福井地震　169
伏角　115
不動点　139
フリーエア補正　110
プリニー式噴火　180
ブリュンヌ期　119
プルーム　134
プルームテクトニクス　134
ブルカノ式噴火　180
プレートテクトニクス　126
プロペラ式流向流速計　74

平均海水面　102
平均風速　23
平行移動型境界　128
ヘス　123

ベズビオ　180
ベッセル楕円体　103
偏角　114
偏西風　31
偏西風帯　41
扁平率　100

紡錘形　182
飽和水蒸気圧　21
北海道南西沖地震　167
ホットスポット　132, 176
ホットプルーム　135
本震　157

マ　行

マイクロ波散乱計　11
マウナロア　179
マグニチュード　139, 150
マグマ　178
マグマ水蒸気爆発　181
摩擦速度　24
マッケンジー　126
松山期　119
松山基範　118
マルチニク島　184
マントル対流　122

水循環　33
密度　18

メソスケール　44, 45

モーガン　126
モーメントマグニチュード　152
モンプレ　184

ヤ　行

ヤマセ　37

有義波　87
湧昇　74
ユーラシアプレート　131

溶岩　181
揚子江気団　37
横ずれ断層　154
横波　141
余震　157
余震域　158

ラ　行

ラコスト重力計　109
ラジオゾンデ　16
ラハール　184

陸弧　128
リソスフェア　126
リヒター　150
リモートセンシング　10
流紋岩質マグマ　179

ルピション　126

レーレー波　142
連吹時間　87
ローカルマグニチュード　151
ロスビー数相似則　44
ロディニア　133

ワ　行

和達・ベニオフゾーン　129, 164, 177
湾流　73

<著者略歴>

内(ない)藤(とう)玄(げん)一(いち)
1966年京都大学理学部物理学科卒業.
現在,防衛大学校名誉教授.理学博士

前(まえ)田(だ)直(なお)樹(き)
1989年京都大学理学部理学研究科地球物理学専攻博士後期課程満期退学.
現在,関東学院大学工学部社会環境システム学科 教授

地球科学入門

2002年 4月 5日　初　版
2012年11月 9日　第6刷

著　者————内 藤 玄 一・前 田 直 樹

発行者————米 田 忠 史

発行所————米 田 出 版
　　　　　　〒272-0103　千葉県市川市本行徳31-5
　　　　　　電話　047-356-8594

発売所————産業図書株式会社
　　　　　　〒102-0072　東京都千代田区飯田橋2-11-3
　　　　　　電話　03-3261-7821

© Genichi Naito and Naoki Maeda　2002　　　　中央印刷・山崎製本所

ISBN978-4-946553-13-4　C3044